吃货秘籍之
开胃下饭菜

甘智荣 主编

U0212823

重庆出版集团 重庆出版社

图书在版编目（CIP）数据

吃货秘籍之开胃下饭菜 / 甘智荣主编.—重庆：
重庆出版社，2016.1
　ISBN 978-7-229-10477-1

　Ⅰ.①吃… Ⅱ.①甘… Ⅲ.①菜谱
Ⅳ.①TS972.12

中国版本图书馆CIP数据核字(2015)第225943号

吃货秘籍之开胃下饭菜
CHIHUO MIJI ZHI KAIWEI XIAFANCAI

甘智荣　主编

责任编辑：肖化化
特约编辑：黄　佳
责任校对：廖应碧
装帧设计：肖　冰

重庆出版集团
重庆出版社　出版
重庆市南岸区南滨路162号1幢　　邮政编码：400061　http://www.cqph.com
深圳市雅佳图印刷有限公司印刷
重庆出版集团图书发行有限公司发行
邮购电话：023-61520646
全国新华书店经销

开本：720mm×1016mm　1/16　印张：16　字数：240千
2016年1月第1版　　2016年1月第1次印刷
ISBN 978-7-229-10477-1
定价：29.80元

如有印装质量问题，请向本集团图书发行有限公司调换：023-61520678

版权所有　　侵权必究

目录 Contents

PART 1

开胃好菜，
下饭是王道

PART 2

经典开胃时蔬

PART 3

香浓猪牛羊肉

PART 4

禽蛋滋味无敌

PART 5

水产天生鲜美

PART 6

菌菇浓淡两相宜

PART 7

百搭美味豆制品

PART 8

地方风味开胃菜

吃货秘籍之
开胃
下饭菜

开胃好菜，
下饭是王道

米饭是中国人的最佳主食，于是，开胃下饭的好菜就

成了老百姓日常生活中最实实在在的追求。本章介绍了令

家常菜开胃下饭的秘诀，包括锅的选择、油的选择、火候

的掌握、食材的挑选以及调料的使用方法，让你轻松做出

家常美味！

学会这些，餐桌常飘香

1. 别人家的菜总是更香？秘密可能就是锅

每到吃饭时间，心思总被窗口飘来的别人家的菜香勾走？为什么别人家的菜总是更香？请先仔细检查一下自己家的烹饪"装备"，看看有一口好锅吗？

不要小看锅的重要性，如果有一口导热性恰到好处的锅，即使随便炒个青菜，也能喷香四溢。对于父母那一辈人来说，用惯的老锅就是家里的"金不换"的宝贝。对于厨艺新手来说，市面上可以选择的锅有以下几种。

◎不锈钢锅

不锈钢锅使用特殊工艺使锅体表面具有一层氧化薄膜，增强了其耐酸、碱、盐等水溶液的性能，同时能耐高温、耐低温，而且美观卫生。但不锈钢锅切忌长时间存放菜汤、酱油、盐等酸、碱类物质，以免其中对人体健康不利的微量元素被溶解出来。

◎不粘锅

不粘锅锅底有一层特氟龙或陶瓷涂层，因此能使食物不粘锅底，同时比其他锅更加省油，可以帮助减少脂肪的摄入，适合追求健康的现代人使用。使用不粘锅需注意不要选择金属锅铲，以免划破不粘涂层。

◎电炒锅

电炒锅是轻松便捷的新选择，只要插上电源即可使用，无需炉灶，并且可以自由调节温度，使初学烹饪、缺乏经验的人也能轻松掌握火候。

◎铁锅

铁锅是我国最传统的锅具，也是"农家菜"特别香的秘密，其原因是生铁导热较慢，食材能均匀受热，火候也容易控制。铁锅又可分为生铁锅和熟铁锅，生铁锅导热更慢，更不易糊锅，并可避免油温过高，有益健康。此外，铁锅也是被世界卫生组织推荐使用的"最安全的锅"，因为生铁在冶炼过程中不需加入其他微量元

素，而炒菜时微量的铁质溶出对人体有益无害。

2. 把火调对一点，菜就更香一点

天下美味都离不开火。大厨炒菜时，将锅边轻轻一转，锅里就"着了火"，一瞬间又灭下去，可就那么一瞬间，锅里便有了"灵气"，再简单的食材也能变成一道佳肴。

如果想使炒菜更香，掌握好火候很重要。在使用圆底锅炒菜时，火的大小显得尤为重要，因为圆底锅的锅底和炉灶的直接接触面积很小，如果火不够大，那么锅内中上部的食材处于受热不均的状态，只能依靠从锅底慢慢传上来的热量被加热，炒出来的菜自然口感不佳，特别是对于脆嫩易熟的原料、形状碎小的原料，急火快

炒才能保证好味道。整形大块的原料在烹调中，由于受热面积小，需长时间才能成熟，火力则不宜过旺。

如果在烹调前通过初步加工改变了原料的质地和特点，那么火候运用也要改变。如原料经过了切细、过油、焯水等处理，可适当调小火力。此外，原料数量越少，火力相对就要减弱，反之则增强。

有些菜根据烹调要求要使用两种或两种以上火力，需灵活调整，如清炖牛肉需先旺火，后小火；而余鱼脯需先小火，后中火；干烧鱼则需先旺火，再中火，后小火烧制。

3.五花八门的食用油，你挑对了吗？

走进超市，看见种类繁多的食用油，你知道如何挑选吗？你家里经常出现的菜品是哪些，烹制这些菜品你用对油了吗？

◎花生油

花生油适合炒制各类食材，其热稳定性很好，因此也是高温油炸的首选油，制作炖菜和凉拌菜时则不宜选用。纯正花生油在冬季或放入冰箱时呈半固体混浊状态，但不完全凝结。由于花生容易感染黄曲霉，而黄曲霉毒素具有强致癌性，因此一定要购买品质有保证的高级花生油。

◎大豆油

质量越好的大豆油颜色越浅，最优质的大豆油应是完全透明的，无任何混浊、杂质。大豆油有种豆腥味，不宜烹制清淡的菜品，以免串味，但若用来烹制加了豆瓣酱调味的菜品则可增香。另外，大豆油应避免高温加热及反复使用，因此不宜作为油炸用油。

◎玉米油

玉米油主要由不饱和脂肪酸组成，具有降低胆固醇、防治心血管疾病的保健功效，并且口感好，不易变质。玉米油结构稳定，适合于炒菜和煎炸。若用来烹制肉类，肉质中的脂肪还有助于人体对玉米油中维生素E的吸收，是营养佳选。

◎葵花籽油

葵花籽油含抗氧化成分，营养价值较高，适合温度不太高的炖炒，不宜用于高温煎炸。葵花籽油尤其适合烹制海鲜类、菌菇类食材及海带、紫菜、芦笋等食材，因其味道和这些食材的味道比较接近。

◎调和油

调和油是几种食用油经过搭配调和而成的，其特性根据其原料不同而有所差别，但都具有良好的风味和稳定性，适合烹制家常大部分菜品。

◎色拉油

色拉油最大的特点是可以生吃，因此是制作沙拉、凉拌菜的最佳选择。色拉油也可用于烹调菜品，并具有不起沫、油烟少等优点。

◎橄榄油

橄榄油富含单不饱和脂肪酸，营养价值很高，它具有独特的清香，用来炒菜、凉拌都可增加食物的风味，尤其适合淋在新鲜的蔬菜沙拉和刚炸好的牛排上，也是很好的腌渍、烘焙用油。

4. 会挑食材算入门，处理得当更添香

如何挑选食材，相信是很多厨房菜鸟急需掌握的知识点。

◎如何才能选到最新鲜的食材

多买当地盛产的时令食材：本地食材在当地销售，由于没有经过长时间长距离的运输，营养成分损失较少，尤其是蔬菜、水果等保鲜期短的食材。而且当季食材往往比反季节食材更加鲜美好吃。

起个大早去市场：去菜市场买菜可以货比三家，因此菜品一般都比较新鲜。但最新鲜的菜往往在一大早就被人"抢"走，剩下的品质越来越差，因此要吃到最新鲜的菜，起个大早很有必要。

买海鲜一定要去批发市场：海鲜批发市场不仅品种多，而且个头大，新鲜度高，并且因为摊位较多，价格也相对公道。如果不满意，再往前走几步又是一家，货比三家才不会吃亏。

◎先洗菜后切菜

蔬菜先洗后切与先切后洗营养差

别很大。以新鲜绿叶蔬菜为例：在洗、切后马上炒，其维生素C的损失率是0～1%；切后泡洗10分钟，维生素C会损失16%～18.5%；切后泡洗30分钟，则维生素C会损失30%以上。

切菜时一般不宜切太碎，可用手折断或撕开的菜，如包菜、花菜、平菇等，尽量少用刀切，因为铁会加速维生素C的氧化，而且食物多少会沾上金属的异味，甚至氧化变黑。

◎特殊食材处理有妙招

去皮后易"变黑"的食材用水泡：某些食材在去皮后会与空气中的氧发生反应，表面"变黑"，如山药、土豆、茄子、丝瓜、苹果等。应对的方法是准备一碗清水，在水里倒入少许白醋则更好，将去皮之后的食材迅速泡进水里，就可阻止其与空气中的氧发生反应，防止变黑。

青菜焯水很重要：青菜在烹制前先用沸水焯煮1~2分钟，不仅可以去除其中具有苦涩味道的物质，还可以缩短炒制时间，保持脆嫩的口感。在沸水中加入少许食用油和盐，还能使青菜的色泽更翠绿。

肉类腌渍更美味：炒制或蒸制新鲜的肉类，肉是否入味是菜品成败的关键。最好的方法是将肉类洗切好之后，加入盐、鸡粉、生抽、蚝油、食用油、淀粉等抓匀，腌渍半小时左右，这样炒或蒸出的肉既入味又滑嫩。

5.学会切菜！不仅仅为了好看

苦练刀工并非只为成菜美观，根据原料的不同性质（脆嫩、软韧、老硬）采用不同的运刀方法，切成不同的形状，可使食物在烹制时受热均匀，容易入味。

◎切片

常用材料：蘑菇、洋葱等。

切法实例：①取洗净的杏鲍菇，用刀将一侧切平整，将杏鲍菇切成片状；②将剩余的杏鲍菇切成片即可。

◎切块

常用材料：胡萝卜、瓜类等。

切法实例：①取一条洗净的丝瓜，纵向对半切开，取其中的一半，纵向对半切开成长条状。②摆放整齐，用刀切块状。

◎切粒

常用材料：蒜苗、葱、蒜、芹菜、韭菜和萝卜等。

切法实例：①取洗净的蒜苗，将蒜苗梗纵向切开。②用刀依次将蒜苗切成均匀的粒状即可。

◎切条

常用材料：苦瓜、萝卜、竹笋等。

切法实例：①先将苦瓜切成均匀的几个大块，将苦瓜块改刀。②把苦瓜块切成条状。

◎切丝

常用材料：白菜、黄瓜、萝卜等。

切法实例：①取洗净的萝卜，依次切成均匀的片状；②将片摆放整齐，用刀切丝状即可。

◎切丁

常用材料：香菇、胡萝卜等。

切法实例：①首先把香菇切成1厘米宽的方条状。②把方条切成1厘米长的方粒形状即为丁。

◎切末

常用材料：姜、芫荽、蒜等。

切法实例：①取洗净的金针菇，摆放整齐，用直刀法切末；②将金针菇依次切成均匀的末；③将所有的金针菇都切成末即可。

◎切菱形丁

常用材料：菜梗、莴笋等。

切法实例：①取洗净的菜心梗，摆成阶梯状，将根部斜切掉；②用刀将菜梗斜切成菱形丁状。

◎切段

常用材料：芹菜、芦笋、葱等。

切法实例：①把芹菜切段，使切口与纤维成直角。②切成1～3厘米长小段即可。

说不尽调料的秘密

1.巧用白糖，增鲜提味

　　白糖是由甘蔗或者甜菜榨出的糖蜜制成的精糖。在制作酸味的菜肴汤羹时，加入少量白糖，可以使味道格外可口。如番茄具有微酸的味道，所以在炒西红柿时适量加些白糖，可以使西红柿的香味更佳。

　　此外，适合用白糖增味的家常菜还有醋熘菜肴、酸辣汤、酸菜鱼等。

2.不能不会的"锅边醋"

　　醋具有祛膻、除腥、解腻、增香等作用。烹制一道菜肴放醋的最佳时间在"两头"，即食材刚下锅时与临出锅前，前者如酸辣土豆丝，先下醋可以保护土豆中的维生素，并使其口感脆而不面；后者如糖醋排骨、干锅手撕包菜，后放醋可除腥、增香。但由于醋兼具酸味与香味，后下醋的一些菜肴往往仅需其香味，而不需其酸味，这时可以用锅勺将醋迅速浇在锅边烧热的地方，使酸味物质遇热迅速挥发，而留其香味融入菜肴，这种淋醋的方法叫做"锅边醋"，可使菜肴香而不酸。

3.生抽老抽，不能傻傻分不清楚

　　酱油是我国传统的调味品，具有独特的酱香，因而成为制作家常菜的必备调料，一般分为生抽和老抽两种。制作不同的菜品时应选择合适的酱油，不可混用，或一瓶酱油用到底。

从颜色上看，生抽颜色较淡，呈红褐色；老抽颜色很深，呈棕褐色并具有一定的光泽。从味道上分辨，生抽较咸，而老抽有一种微甜的口感。从用途上看，生抽一般用于调味，适用于炒菜；老抽则用来给食材着色，多用于烹制红烧菜品。

除了生抽和老抽的分法，酱油还可按其卫生指标分为"佐餐酱油"和"食用酱油"，两者所含的菌落指数不同，前者可以生吃，如制作凉拌菜或蘸食；后者一般不能用来生吃，需要加热才能食用。在选购时需仔细查看标签。

烹饪时加入酱油的时间要依据食材的不同而有所区别。烹制动物性食材如鱼、肉时，酱油要早点加，以便于食材入味；炒青菜等一般的炒菜，最好在菜快出锅时再加入酱油，这样可以避免酱油中的氨基酸被高温破坏，从而保存其营养价值和原有的风味。

4. 去腥增香，料酒来帮忙

料酒是一种烹饪用酒，其酯类和氨基酸含量高，所以香味浓郁，具有去腥、解腻、增香的作用，是烹制动物类食材时必不可少的调料，可用于生肉、生鱼的腌渍，也可直接用于烹调。

料酒还有一个好处，就是使食材更容易熟，质地更松软，这是因为在烹调过程中加入料酒后，其所含的酒精可以帮助溶解食材中的有机物质。其后酒精会受热挥发，而不留存在菜肴中，因此也不会影响菜品的口感，其中的水分还可代替烹调用水，增加菜品的滋味。

料酒中的氨基酸是其香味的主要来源，而且氨基酸还可以与食盐结合生成氨基酸钠盐，使鱼、肉的滋味更加鲜美；氨基酸还能与白糖结合生成芳香醛，释放出诱人的香气，因此将料酒与白糖一同使用是个不错的选择。

5.想换花样，首选番茄酱

有时候吃腻了各种炒菜，想换个口味？最简单的方法是换掉主要调料，番茄酱就是首选。

番茄酱的基本原料是成熟的鲜番茄，此外还有醋、糖、盐以及丁香、肉桂等香料，有的还加入了洋葱、芹菜等其他蔬菜调味，它可以让一道菜从传统的咸鲜口感变成酸甜口感，而且烹饪方法简单，用少量热油将番茄酱略炒一下，再下入食材翻炒，最后调入盐、鸡粉等即可，尤其适合烹制鱼、肉等食材。

6.剁椒泡椒人人爱，共用风味佳

剁椒辣而鲜咸，在制作时加入了盐、蒜、生姜、白酒等，最适合搭配口感鲜嫩的食材，可以使食材鲜而不淡，微辣适口，令人食欲大增。泡椒则是用泡菜水腌制出来的辣椒。泡椒色泽亮丽，口感清脆微酸，辣而不燥，最适合与鱼类食材搭配，还可以增进食欲。

剁椒和泡椒一起做成的双椒鱼头，是道经典的开胃家常菜，风味独特，其做法很简单：在腌渍好的鱼头上，一半铺上剁椒，另一半铺上切碎的泡椒，入锅蒸熟，再浇上热油即可。

7.豆瓣酱出马，开胃能有假？

豆瓣酱是以蚕豆、食盐、辣椒等为原料配制而成的酱料，味道以咸、辣、鲜为主，是川菜常用的调料。

用豆瓣酱烹制的家常菜几乎每一道都是非常开胃的经典菜，如回锅肉、麻婆豆腐、麻辣火锅等。豆瓣酱开胃，除了因为其味道奇香，蚕豆的功效也"功不可没"，它具有开胃消食、健脾利湿的食疗功效，经过微生物发酵酿造之后，功效和风味都更佳。

豆瓣酱用油炒过之后更香：先用热油爆香葱姜蒜，再加入豆瓣酱炒出红油，这时放入食材炒制，这样就能品尝到豆瓣酱的最佳滋味。

8.腐乳——连汁都不能浪费

腐乳是一种传统民间美食，营养价值极高，吃起来具有特殊的香味。

腐乳不仅可以直接佐餐食用，也可以作为烹制家常菜的调料，尤其是红腐乳。它是用红曲发酵而成的豆腐乳，具有浓郁的脂香和酒香，毫无异味，入口咸而微甜。尤其值得一提的是其腐乳汁，更是烹制广东菜肴的佐味佳品，如腐乳汁炖排骨：油锅爆香葱蒜末，依次放入腐乳汁、酱油、料酒，再下入煸炸过的排骨，加水炖至肉烂，大火收汁即成。排骨吸收了腐乳汁的醇香，色泽与味道都美不胜收。

9.啥时候放盐？菜说了算

烹调前先放盐的菜肴：

烧整条鱼或者炸鱼块时，在烹制前，先用适量的盐腌渍再烹制，有助于咸味的渗入。

在刚烹制时就放盐的菜肴：

做红烧肉、红烧鱼块时，肉、鱼经煎后，即应放入盐及调味品，然后旺火烧开，小火煨炖。

熟烂后放盐的菜肴：

肉汤、骨头汤、蹄髈汤等荤汤，在熟烂后放盐调味，这样才能使肉中蛋白质、脂肪较充分地溶在汤中，使汤更鲜美。同理，炖豆腐时，也应当熟后放盐。

10.那些总也离不开的香辛料

花椒：

热油后放入花椒可以防止油沸，还能增加菜的香味。

八角：

也叫大茴香，因此无论卤、酱、烧、炖，都可以用它去腥添香。

胡椒：

适用于炖、煎、烤肉类，能达到香中带辣、美味醒胃的效果。

香叶：

为干燥后的月桂树叶，用以去腥添香，用于炖肉等。

桂皮：

为干燥后的月桂树皮，用以去腥添香，用于炖肉等。

小茴香：

用以去腥添香，用于炖肉等。其茎叶部分即茴香菜。

经典开胃时蔬

说起时蔬，很多人可能会觉得味道寡淡，其实，时蔬也

可以有滋有味、有形有色、丰富多样、五彩缤纷。我们常吃

常见的时蔬，它们富含对身体有益的维生素。经过我们一双

巧手的处理，可以变成餐桌上最诱人的美味，跟我们一起来

学做好吃又健康的开胃菜吧！

咸蛋黄茄子

茄子怎么做都好吃，何况遇上咸蛋黄

 原料

熟咸蛋黄 ..5个
茄子..... 250克
红椒.......10克
罗勒叶 ...少许

 调料

盐 2克
鸡粉.........3克
食用油 ...适量

①

②

/ 做法 /

1 洗净的茄子切滚刀块。

2 洗好的红椒切成丁。

3 用刀将熟咸蛋黄压扁，压成泥。

4 热锅注油，烧至六成热，倒入茄子，油炸约1分钟至微黄色，捞出沥干油，装入盘中备用。

5 用油起锅，倒入熟咸蛋黄，加盐、鸡粉，炒入味。

6 放入红椒、茄子，翻炒约1分钟至熟。

7 关火后将炒好的茄子盛出，装入盘中，放上红椒、罗勒叶做装饰即可。

③

④

⑤

⑥

⑦

健康贴士

咸蛋黄含有蛋白质、维生素A、B族维生素、维生素D、钙、磷、铁等营养成分，与茄子搭配，常食有助于保肝护肾、健脑益智、延缓衰老。

开胃秘诀

茄子炸好后一定要彻底沥干油分，这样才不会油腻。

口味茄子煲

让人食指大动的下饭菜

原料

茄子	200克
大葱	70克
朝天椒	25克
肉末	80克
姜片	少许
蒜末	少许
葱段	少许
葱花	少许

调料

盐	2克
鸡粉	2克
豆瓣酱	10克
辣椒酱	10克
椒盐粉	1克
老抽	2毫升
生抽	5毫升
辣椒油	5毫升
水淀粉	5毫升
食用油	适量

做法

1. 茄子洗净去皮切条；大葱洗净切段；朝天椒洗净切圈。
2. 热锅中注油烧热，放入茄子，炸至金黄色，捞出待用。
3. 锅底留油，放入肉末，炒散，加生抽炒匀，倒入朝天椒、葱段、蒜末、姜片、大葱，炒匀。
4. 倒入茄子，注水，放入豆瓣酱、辣椒酱、辣椒油、椒盐粉、老抽、盐、鸡粉，炒匀，倒入水淀粉勾芡。
5. 盛出炒好的菜肴，放入砂锅中，盖上盖，置于旺火上烧热；揭盖，放入葱花即可。

鱼香茄子烧四季豆

美味让人无法招架

原料

茄子	160克
四季豆	120克
肉末	65克
青椒	20克
红椒	15克
姜末	少许
蒜末	少许
葱花	少许

调料

鸡粉	2克
生抽	3毫升
料酒	3毫升
陈醋	7毫升
水淀粉、豆瓣酱、食用油	各适量

做法

1 将洗净的青椒、红椒、茄子切成条形；洗好的四季豆切成长段。

2 热锅注油烧热，分别倒入四季豆、茄子，炸至变软，捞出沥干油，待用。

3 另起锅，注水烧开，倒入茄子，拌匀，捞出，沥干水分，待用。

4 用油起锅，倒入肉末，炒匀；放入姜末、蒜末、豆瓣酱，炒匀；倒入青椒、红椒，炒匀；注入适量清水，加入少许鸡粉、生抽、料酒，炒匀。

5 倒入茄子、四季豆炒匀，焖熟后用大火收汁，加陈醋、水淀粉，炒至入味，撒上葱花即可。

酱焖四季豆

香辣不腻的酱焖四季豆，快帮我接住口水！

原料

四季豆 ...350克
蒜末........10克
葱段........适量

调料

黄豆酱 ...15克
辣椒酱 5克
盐 ....适量
食用油 ...适量
鸡粉 ....适量

/ 做法 /

1 锅中注水烧开，放入盐、食用油，倒入四季豆。

2 搅匀煮至断生，捞出，沥干水分待用。

3 热锅注油烧热，倒入备好的辣椒酱、黄豆酱，爆香。

4 倒入少许清水，放入四季豆，翻炒。

5 加入少许盐、鸡粉，炒匀调味。

6 盖上锅盖，小火焖5分钟至熟透。

7 掀开锅盖，倒入葱段，翻炒一会儿，盛出装入盘中，放上蒜末即可。

—— 健康贴士 ——
　　四季豆含有维生素、胡萝卜素、叶酸、蛋白质等成分，常食有助于促进食欲、增强免疫、健脾养胃。

开胃秘诀

　　黄豆酱和辣椒酱都是能勾起食欲的调料，非常开胃。

榄菜四季豆

四季豆与橄榄菜最相衬

原料

四季豆 200克
红椒 20克
橄榄菜 60克
蒜末 ....少许
干辣椒 ....少许
花椒 ....少许

调料

盐 1克
鸡粉 2克
生抽 3毫升
料酒 5毫升
食用油 ....适量

/ 做法 /

1 洗好的四季豆切段；洗净的红椒切开，再切条，备用。

2 热锅注油，烧至四五成热，倒入四季豆，炸约半分钟至其断生，捞出，装盘待用。

3 锅底留油，放入红椒、蒜末、花椒、橄榄菜、干辣椒，爆香。

4 倒入炸好的四季豆，淋入料酒，加入盐、鸡粉，炒匀。

5 倒入生抽，炒至食材入味，盛出炒好的菜肴，装入盘中即可。

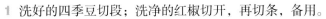

酱香腊肠土豆片

光听菜名就口水直流

原料

土豆	230克
腊肠	80克
红椒	35克
青椒	35克
姜片	少许
葱段	少许

调料

鸡粉	2克
蚝油	5克
豆瓣酱	20克
食用油	适量

/ 做法 /

1. 将洗净的青椒、红椒切小块；腊肠、土豆改切片。
2. 锅中注适量清水烧开，放入土豆片，焯至转色断生，捞出，沥干水分，待用。
3. 用油起锅，放入姜片、豆瓣酱，炒香；加入土豆片、腊肠，炒匀。
4. 放入青红椒，炒匀。
5. 放鸡粉、蚝油、葱段，炒匀即可。

辣白菜焖土豆片

辣白菜配土豆，"duang"的一下提升你的食欲

原料

土豆.....130克
辣白菜...200克
猪肉.......50克
葱末.......少许

调料

辣椒酱...25克
料酒.....2毫升
生抽.....4毫升
食用油...适量

/ 做法 /

1 将去皮洗净的土豆切薄片。

2 洗好的猪肉切薄片；辣白菜切段。

3 用油起锅，倒入猪肉片，炒至其转色。

4 淋入料酒、生抽，炒匀，撒上葱末，炒出香味。

5 倒入辣白菜，炒出辣味，倒入土豆片，翻炒均匀。

6 注入适量清水，转大火略煮，盖上盖，改中小火焖约10分钟，至食材熟透。

7 揭盖，放入辣椒酱，炒匀炒透即成。

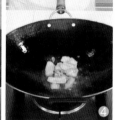

健康贴士

土豆含有淀粉、钙、磷、铁以及硫胺素、核黄素、尼克酸、膳食纤维等营养成分，常食有助于调理肠胃、益气调中。

开胃秘诀

土豆片最好切得薄一些，更容易焖熟，更易入味。

小土豆焖香菇

又是一道『饭扫光』

原料

土豆	70克
水发香菇	60克
干辣椒	少许
姜片	少许
蒜末	少许
葱段	少许

调料

盐	2克
鸡粉	2克
豆瓣酱	6克
生抽	4毫升
水淀粉	适量
食用油	适量

/ 做法 /

1 将洗净的香菇切小块；洗好去皮的土豆切成丁。

2 热锅注油烧热，倒入土豆丁，炸至其呈金黄色，捞出，沥干油，待用。

3 锅底留油烧热，倒入干辣椒、姜片、蒜末，爆香；放入香菇块、土豆丁，加入豆瓣酱、生抽、鸡粉、盐，炒匀调味。

4 注入适量清水，轻轻搅动食材，使其浸入汤汁中，煮沸后用小火焖煮至材料入味。

5 转大火收汁，再用少许水淀粉勾芡，至汤汁收浓，盛出放上葱段即成。

鱼香土豆丝

『鱼香』什么都好吃，来个土豆丝瞧瞧

原料

土豆	200克
青椒	40克
红椒	40克
葱段	少许
蒜末	少许

调料

豆瓣酱	15克
白糖	2克
陈醋	6毫升
盐	适量
鸡粉	适量
食用油	适量

做法

1 洗净去皮的土豆切成丝；洗好的红椒、青椒切成丝，备用。

2 用油起锅，放入蒜末、葱段，爆香。

3 倒入土豆丝、青椒丝、红椒丝，快速翻炒均匀。

4 加入适量豆瓣酱、盐、鸡粉，再放入少许白糖，淋入适量陈醋，快速翻炒均匀，至食材入味即可。

糖醋花菜

酸甜好滋味，这菜做绝了

原料

花菜	350克
红椒	35克
蒜末	少许
葱段	少许

调料

番茄汁	25克
盐	3克
白糖	4克
料酒	4毫升
水淀粉	适量
食用油	适量

/ 做法 /

1 将洗净的花菜切成小块；洗好的红椒切成小块。

2 锅中注水烧开，加入少许盐，放入花菜、红椒块，煮至全部食材断生后捞出，沥干待用。

3 用油起锅，放入蒜末、葱段，用大火爆香；倒入焯煮过的食材，翻炒匀。

4 淋入少许料酒，炒香、炒透，注入少许清水，放入番茄汁、白糖，搅拌匀，至糖分溶化。

5 加入适量盐，炒匀调味，倒入少许水淀粉勾芡即成。

铁板花菜

铁板滋滋，夹杂着阵阵香气

原料

花菜	300克
红椒	15克
香菜	20克
蒜末	少许
干辣椒	少许
葱段	少许

调料

盐	3克
鸡粉	2克
辣椒酱	10克
料酒	5毫升
生抽	4毫升
食用油	适量
水淀粉	适量

/ 做法 /

1. 洗净的红椒切小段；洗好的香菜切小段；洗净的花菜切小朵。

2. 锅中注水烧开，加入少许盐、食用油，倒入花菜，焯煮至其断生，捞出装入盘中，待用。

3. 用油起锅，倒入蒜末、干辣椒、葱段爆香，放入红椒、花菜，炒匀；加入适量料酒、生抽、鸡粉、盐、辣椒酱，炒匀。

4. 倒入少许清水，翻炒匀，略煮至食材熟透；倒入水淀粉，翻炒均匀至食材入味，关火待用。

5. 取预热的铁板，盛入锅中的食材，放上香菜即可。

酱香西蓝花豆角

真下饭！不知不觉手中饭碗就见底了

原料

西蓝花	230克
豆角段	180克
熟五花肉片	50克
红椒	30克
青椒	30克
洋葱	35克
姜片	少许

调料

豆瓣酱	20克
盐	3克
鸡粉	2克
水淀粉	4毫升
食用油	适量

/ 做法 /

1. 将洗净的洋葱切成小块；青椒、红椒切片。
2. 豆角、西蓝花焯水，捞出，沥干水分。
3. 用油起锅，放入姜片、肉片炒香；放入豆瓣酱，炒匀。
4. 倒入豆角和西蓝花，翻炒均匀，放盐、鸡粉，加少许清水，炒匀，加水淀粉勾芡。
5. 放入青红椒片、洋葱，炒匀，盛出装盘即可。

秋葵炒蛋

秋葵炒蛋，经典的味道，棒棒哒

原料

秋葵......................180克
鸡蛋..........................2个
葱花..........................少许

调料

盐..........................少许
鸡粉..........................2克
水淀粉..................适量
食用油..................适量

/ 做法 /

1 将洗净的秋葵对半切开，切成块。

2 鸡蛋打入碗中，打散调匀，放入少许盐、鸡粉，倒入适量水淀粉，搅拌匀。

3 用油起锅，倒入切好的秋葵，炒匀，撒入少许葱花，炒香。

4 倒入鸡蛋液，翻炒至熟，盛出，装盘即可。

红烧萝卜

红烧萝卜的香浓滋味，比任何山珍海味都好吃

 原料

去皮白萝卜
..........400克
鲜香菇.....3个

 调料

盐..........1克
鸡粉........1克
白糖........2克
生抽.....5毫升
老抽.....5毫升
水淀粉...适量
食用油...适量

/ **做法** /

1 洗净的白萝卜切滚刀块。

2 洗好的鲜香菇斜刀对半切开。

3 用油起锅，倒入切好的香菇，炒出香
味，注入适量清水。

4 放入切好的白萝卜，拌匀。

5 加盐、生抽、老抽、白糖、鸡粉拌匀。

6 加盖，用大火烧开后转中火焖20分钟。

7 揭盖，用水淀粉勾芡即可。

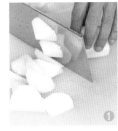

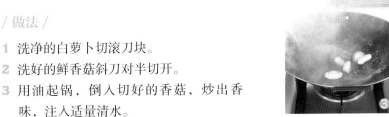

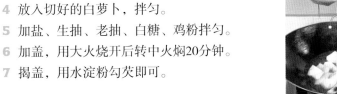

—— **健康贴士** ——

　　白萝卜含有蛋白质、膳食纤维、维
生素A、维生素C、多种矿物质等营养
成分，常食有助于消食、除疾润肺、解
毒生津、利尿通便。

开胃秘诀

　　白萝卜用牙签在上面扎几
个小孔，有利于吸收汤汁。

榨菜炒白萝卜丝

萝卜夹杂榨菜香味，非一般的味觉享受

原料

榨菜头	120克
白萝卜	200克
红椒	40克
姜片	少许
蒜末	少许
葱段	少许

调料

盐	2克
鸡粉	2克
豆瓣酱	10克
水淀粉	适量
食用油	适量

/ 做法 /

1 洗净去皮的白萝卜切成丝；洗好的榨菜头、红椒改切成丝。

2 锅中注水烧开，加入少许食用油、盐，倒入榨菜丝煮半分钟；再倒入白萝卜丝，煮1分钟，捞出，沥干水分，待用。

3 锅中注入适量食用油烧热，放入姜片、蒜末、葱段，加入红椒丝，爆香。

4 倒入焯过水的榨菜丝、白萝卜丝，翻炒匀。

5 加入鸡粉、盐、豆瓣酱，炒匀调味，倒入水淀粉，用锅铲翻炒均匀即可。

红酒焖洋葱

这项技能必须get√

原料

洋葱......................200克
红酒...............120毫升

调料

白糖......................3克
盐........................少许
水淀粉.............4毫升
食用油..............适量

做法

1 洗净的洋葱切成丝，备用。

2 锅中注入适量食用油烧热，放入洋葱，略炒片刻。

3 倒入红酒，翻炒均匀。

4 加入白糖、盐，炒匀调味。

5 淋入适量水淀粉，快速翻炒匀即可。

糖醋藕片

味道好到忍不住舔手指

原料

莲藕 350克
葱花 .... 少许

调料

白糖 20克
盐 2克
白醋 5毫升
番茄汁 10毫升
水淀粉 4克
食用油 .... 适量

/ 做法 /

1 将洗净去皮的莲藕切成片。

2 锅中注水烧开，倒入适量白醋，放入藕片，焯煮至其八成熟，捞出，备用。

3 用油起锅，注入少许清水，放入白糖、盐、白醋、番茄汁，煮至白糖溶化。

4 倒入适量水淀粉勾芡。

5 放入焯好的藕片，拌炒匀，盛出，撒上葱花，装盘即可。

手撕包菜腊肉

包菜放点腊肉，更有滋味

原料

包菜 400克
腊肉 200克
干辣椒 .... 少许
花椒 .... 少许
蒜末 .... 少许

调料

盐 2克
鸡粉 2克
生抽 4毫升
食用油 .... 适量

/ 做法 /

1 将腊肉切片；洗净的包
   菜撕成小块。

2 锅中注适量清水烧开，
   放入腊肉，汆去多余盐
   分，捞出，沥干水分，
   待用。

3 用油起锅，放入花椒、
   干辣椒、蒜末，爆香；
   倒入腊肉，炒匀。

4 加入包菜，炒匀；放
   盐、鸡粉、生抽，炒匀
   即可。

咖喱鸡丁炒南瓜

香甜南瓜+浓香咖喱，让你一吃难忘

 原料

南瓜.......300克
鸡胸肉...100克
姜片........少许
蒜末........少许
葱段........少许

 调料

咖喱粉...10克
盐...........2克
鸡粉.........2克
料酒.....4毫升
水淀粉...适量
食用油...适量

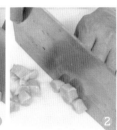

/ 做法 /

1 将洗净去皮的南瓜切成丁。

2 洗净的鸡胸肉切成丁，加鸡粉、盐、水淀粉、食用油，腌渍入味。

3 热锅注油烧热，放入南瓜丁，略炸，捞出沥干油，待用。

4 用油起锅，放入姜片、蒜末爆香；倒入鸡肉丁，炒匀、炒透。

5 淋入少许料酒，翻炒匀，加水、南瓜丁，煮沸。

6 加咖喱粉、鸡粉、盐，翻炒熟软；用大火收汁，倒入少许水淀粉，炒匀。

7 撒入葱段，快速炒至断生,关火后盛出炒好的食材，放在盘中即成。

—— 健康贴士 ——

南瓜具有高钙、高钾、低钠等特点，比较适合糖尿病患者食用，常食南瓜有利于预防骨质疏松和高血压，还能够提高机体的抗病能力。

开胃秘诀

咖喱粉很呛鼻，可事先用少许清水调匀后再使用。

肉丝扒菠菜

菠菜加点肉丝，吃吃看

原料

菠菜	400克
肉丝	150克
枸杞	15克
熟白芝麻	20克
蒜末	适量

调料

盐	2克
鸡粉	1克
生抽	5毫升
料酒	5毫升
水淀粉	适量
食用油	适量

/ 做法 /

1 洗净的菠菜切两段。

2 热锅注油，倒入少许蒜末，爆香；放入菠菜，炒至熟，加入盐，翻炒均匀，盛入碗中待用。

3 锅中注油，倒入肉丝，稍炒片刻，倒入蒜末，翻炒约1分钟至肉丝转色。

4 加入料酒、生抽，注入少许清水，放入枸杞，加入盐、鸡粉，用水淀粉勾芡。

5 关火，将汤汁拌匀至浓稠，浇在菠菜上，再撒上熟白芝麻即可。

姜汁拌空心菜

小清新菜式，多吃也不会有大腰围

原料

空心菜 500克
姜汁 20毫升
红椒 ....适量

调料

盐 3克
陈醋 ....适量
芝麻油 ....适量
食用油 ....适量

/ 做法 /

1 洗净的空心菜切大段，备用。

2 锅中注入适量清水烧开，倒入空心菜梗，加入少许食用油，拌匀。

3 放入空心菜叶，略煮片刻，加入少许盐，拌匀，捞出装盘，放凉待用。

4 取一个碗，倒入姜汁，放入盐、陈醋、芝麻油，搅拌均匀。

5 浇在空心菜上，放上红椒圈即可。

黄豆酱炒麻叶

麻叶与黄豆酱的神奇偶遇

原料

麻叶 170克
黄豆酱 .... 适量
蒜末 .... 少许

调料

盐 .... 少许
鸡粉 2克
食用油 .... 适量

/ 做法 /

1. 用油起锅，放入备好的蒜末，爆香。

2. 放入备好的黄豆酱，炒匀，炒香。

3. 倒入洗净的麻叶，大火炒至变软。

4. 改小火，加入少许盐、鸡粉，翻炒一会儿，至食材入味即成。

麻婆山药

麻、辣、鲜、香！

原料

山药......................160克
红尖椒..................10克
猪肉末..................50克
姜片......................少许
蒜末......................少许

调料

豆瓣酱..................15克
鸡粉......................少许
料酒......................4毫升
水淀粉..................适量
花椒油..................适量
食用油..................适量

/ 做法 /

1. 将洗好的红尖椒切小段；去皮洗净的山药切滚刀块。
2. 用油起锅，倒入猪肉末，炒至其转色；放入姜片、蒜末，炒香，加入适量豆瓣酱，炒匀。
3. 倒入红尖椒，放入山药块，炒匀炒透。
4. 淋入少许料酒，翻炒一会儿，注入适量清水，大火煮沸，淋上花椒油，加入鸡粉，拌匀，转中火煮至食材熟软。
5. 最后用水淀粉勾芡，至材料入味即可。

酱爆素三丁

遭哄抢的经典美味，其实就素菜一碟

原料

青豆......180克
杏鲍菇...90克
胡萝卜..100克
甜面酱...15克
葱段......少许
姜片......少许

调料

盐...........2克
白糖.........2克
鸡粉.........2克
食用油...适量
水淀粉...适量

做法

1 将洗净去皮的胡萝卜切丁。

2 杏鲍菇切丁。

3 锅中注入适量清水烧开，倒入杏鲍菇、胡萝卜、青豆，煮至断生，捞出，沥干水分待用。

4 用油起锅，放入姜片、葱段，爆香。

5 倒入焯好的材料，炒片刻。

6 放入甜面酱，放盐、白糖、鸡粉，炒匀调味。

7 倒入少许清水，炒匀，放适量水淀粉勾芡即可。

—— 健康贴士 ——

青豆含有蛋白质、纤维素以及多种维生素和矿物质，常食有助于解毒、抗癌。

开胃秘诀

甜面酱甜中带咸，是下饭好帮手。

PART | 3

香浓猪牛羊肉

猪肉、牛肉、羊肉都是我们常吃的畜肉，它们营养丰富，滋味十足。本章为你介绍香浓诱人的畜肉开胃菜，为你的餐桌上添几道好吃的硬菜。本章菜肴虽然是荤菜类，但是并不需要很长的烹饪时间，只要按照我们菜谱的操作来进行，你一定能得心应手，餐餐都能让家人大饱口福。

尖椒回锅肉

让吃货们念念不忘

原料

熟五花肉	250克
尖椒	30克
红彩椒	40克
蒜苗	20克
姜片	少许

调料

盐	1克
鸡粉	1克
白糖	1克
豆瓣酱	20克
生抽	5毫升
料酒	5毫升
食用油	适量

/ 做法 /

1 洗好的红彩椒、尖椒切滚刀块；洗好的蒜苗切段；熟五花肉切片。

2 热锅注油，倒入切好的五花肉，炒约1分钟至微微转色，倒入姜片，炒至五花肉微焦。

3 放入豆瓣酱，炒香；淋入料酒、生抽。

4 放入尖椒、红彩椒，炒约1分钟至断生，加入盐、鸡粉、白糖。

5 倒入切好的蒜苗，炒1分钟至食材熟透入味即可。

咸鱼红烧肉

掀开锅盖都中招，香喷了好吗

原料

五花肉 200克
咸鱼 100克
姜片 ....少许
蒜末 ....少许
葱段 ....少许

调料

白糖 3克
盐 2克
鸡粉 2克
生抽 4毫升
老抽 2毫升
料酒 6毫升
水淀粉 ....适量
食用油 ....适量

做法

1. 洗净的五花肉切成小块；洗好的咸鱼剔取鱼肉，切成鱼丁。

2. 热锅注油，烧至五成热，倒入咸鱼丁，炸至金黄色，捞出沥干，装盘待用。

3. 锅留底油烧热，倒入五花肉，翻炒至变色；加入白糖、生抽、老抽，炒匀上色；放入姜片、蒜末，炒匀。

4. 倒入咸鱼丁，淋入料酒，炒匀提味；加入盐、鸡粉，炒匀调味。

5. 注入适量清水，烧开后用小火焖至熟，转大火收汁，倒入水淀粉勾芡，盛出放上葱段即可。

梅干菜卤肉

梅干菜和五花肉的完美融合，问你服不服？

原料

五花肉...250克
梅干菜..150克
八角.........2个
桂皮......10克
卤汁...15毫升
姜片.......少许
香菜.......适量

调料

盐...........1克
鸡粉........1克
生抽.....5毫升
老抽.....5毫升
冰糖......适量
食用油...适量

/ 做法 /

1 洗好的五花肉切块；梅干菜切段。

2 沸水锅中倒入切好的五花肉，氽煮一会儿至去除血水及脏污，捞出沥干，装盘待用。

3 热锅注油，倒入冰糖，拌匀至溶化，成焦糖色。

4 注入适量清水，放入八角、桂皮、姜片，放入五花肉，加入老抽、卤汁、生抽、盐，拌匀。

5 加盖，用大火煮开后转小火卤30分钟至五花肉熟软。

6 揭盖，倒入切好的梅干菜，拌匀，注入少许清水，加盖，续卤至食材入味。

7 揭盖，加入鸡粉，将菜肴拌匀，盛出菜肴，装盘，摆上香菜点缀即可。

——— 健康贴士 ———

梅干菜含有蛋白质、纤维素、氨基酸、钙、磷及多种维生素等营养成分，常食有助于解暑热、洁脏腑、消积食、治咳嗽、生津开胃。

开胃秘诀

喜欢偏辣口味的话，可加入干辣椒爆香。

干豆角烧肉

浓郁的香味，想试试么？

原料

五花肉	250克
水发豆角	120克
八角	3克
桂皮	3克
干辣椒	2克
姜片	适量
蒜末	适量
葱段	适量

调料

盐	2克
鸡粉	2克
白糖	4克
黄豆酱	10克
老抽	2毫升
料酒	10毫升
水淀粉	4毫升
食用油	适量

/ 做法 /

1 将洗净泡发的豆角切成小段；洗好的五花肉切成丁。

2 锅中注水烧开，倒入豆角，煮半分钟，捞出备用。

3 用油起锅，倒入五花肉，用小火炒出油脂，加入白糖，炒至完全溶化。

4 倒入八角、桂皮、干辣椒、姜片、葱段、蒜末，爆香；加入老抽、料酒、黄豆酱，翻炒匀。

5 倒入豆角，再加水煮沸，加盐、鸡粉，翻炒入味，烧开后转小火焖熟，倒入水淀粉，快速翻炒入味即可。

蚂蚁上树

你一定不承认自己已经吃多了

原料

肉末 200克
水发粉丝 300克
朝天椒末 .... 少许
蒜末 .... 少许
葱花 .... 少许

调料

料酒 10毫升
豆瓣酱 15克
生抽 8毫升
陈醋 8毫升
盐 2克
鸡粉 2克
食用油 .... 适量

/ 做法 /

1 洗好的粉丝切段，备用。

2 用油起锅，倒入肉末，翻炒至其变色，淋入适量料酒，炒匀提味，放入蒜末、葱花，炒香，加入豆瓣酱，倒入生抽，略炒片刻。

3 放入粉丝段，翻炒均匀，加入适量陈醋、盐、鸡粉，炒匀调味。

4 放入朝天椒末、葱花，炒匀，盛出炒好的食材，装入盘中即可。

—————— 健康贴士 ——————

　　芋头含有蛋白质、膳食纤维、胡
萝卜素、硫胺素、核黄素、尼克酸、
钾、钠、钙、镁、铁、锰、锌、磷、
硒等营养成分，常食有助于开胃生
津、消炎镇痛、补气益肾。

芋头扣肉

芋头扣肉一出场，你还矜持个什么劲

原料

五花肉	550克
芋头	200克
蜂蜜	10克
八角片	少许
草果	少许
桂皮	少许
葱段、姜片	各少许

调料

盐	3克
鸡粉	少许
蚝油	7克
生抽	4毫升
料酒	8毫升
老抽	20毫升
水淀粉、食用油	各适量

开胃秘诀

蒸食材的时间可以稍微长一些，这样扣肉的口感更佳。

做法

1 五花肉焯水，捞出放凉后抹老抽、蜂蜜，腌渍一会儿，待用。

2 将去皮洗净的芋头切片。

3 热锅注油，烧至四五成热，倒入五花肉，用中火炸香，捞出，放凉待用。

4 油锅中放入芋头片，用中火炸至食材断生，捞出放凉；五花肉切片。

5 用油起锅，倒入姜片、葱段、八角、草果、桂皮炒香；倒入肉片炒匀，加料酒、水、蚝油、盐、鸡粉、生抽、老抽，煮至入味，盛出，待用。

6 取一蒸碗，依次放入肉片和芋头片，码放整齐，再浇上碗中的肉汤汁，放入烧开的蒸锅中，用大火蒸至食材熟透后取出，待用。

7 将蒸碗扣在盘中，沥出汁水，装在小碗中；再取下蒸碗，摆好盘。

8 锅置火上，注入备好的汁水，大火加热，滴上少许老抽，拌匀，用水淀粉勾芡，制成稠汁，浇在盘中即可。

白菜粉丝炒五花肉

五花肉做法就是多

原料

白菜	160克
五花肉	150克
水发粉丝	240克
蒜末	少许
葱段	少许

调料

盐	2克
鸡粉	2克
生抽	5毫升
老抽	2毫升
料酒	3毫升
胡椒粉	适量
食用油	适量

/ 做法 /

1. 将洗好的粉丝切成段；洗净的白菜切成段；洗好的五花肉切片，备用。

2. 用油起锅，倒入五花肉，炒至变色。

3. 加入老抽，炒匀上色；放入蒜末、葱段，炒香。

4. 倒入白菜，炒至变软。

5. 放入粉丝，炒匀；加入盐、鸡粉、生抽、料酒、胡椒粉，炒匀调味即可。

原料

肉末 300克
豆角 150克
芽菜 120克
红椒 20克
蒜末 .... 少许

调料

盐 2克
鸡粉 2克
豆瓣酱 10克
生抽 .... 适量
食用油 .... 适量

肉末芽菜煸豆角

家常也有新搭配，快洗手吃饭咯

做法

1 洗净的豆角切成小段；洗好的红椒切成小块。

2 锅中注水烧开，加入少许食用油、盐，倒入豆角段，煮半分钟至其断生，捞出沥干，备用。

3 用油起锅，倒入肉末，炒至变色；加入生抽，略炒片刻；放入豆瓣酱、蒜末，炒匀。

4 倒入焯煮好的豆角、红椒，炒香。

5 放入芽菜，用中火炒匀，加入少许盐、鸡粉，炒匀盛出即可。

干煸芹菜肉丝

干煸很神奇，吃或不吃都是罪过

原料

里脊肉.....220克
芹菜.........50克
干辣椒......8克
青椒.........20克
红小米椒...10克
葱段.........少许
姜片.........少许
蒜末.........少许

调料

豆瓣酱...12克
鸡粉.......少许
胡椒粉...少许
生抽.....5毫升
花椒油...适量
食用油...适量
料酒.......适量

/ 做法 /

1. 将洗净的青椒、红小米椒切丝。

2. 洗净的芹菜切段；洗好的猪里脊肉切细丝，备用。

3. 热锅注入少许食用油，烧至四五成热，倒入肉丝，炒匀，煸干水汽，盛出装盘，待用。

4. 用油起锅，放入干辣椒，炸香，盛出干辣椒。

5. 倒入葱段、姜片、蒜末，爆香；加入少许豆瓣酱，炒出香辣味，放入肉丝，炒匀。

6. 淋入少许料酒，撒上红小米椒，炒香。

7. 倒入芹菜段、青椒丝，翻炒至其断生，转小火，加入生抽、鸡粉、胡椒粉、花椒油，用中火炒匀，至食材入味即成。

健康贴士

猪里脊肉含有优质蛋白、维生素A、B族维生素、钙、铁、锌、镁等营养成分，常食有助于补肾养血、滋阴润燥、润滑肌肤。

开胃秘诀

煸炒肉丝时，要用小火快炒，避免将肉质煸老了。

蒜薹炒肉丝

简单一道家常味，好吃到爆了

原料

牛肉.....................240克
蒜薹.....................120克
彩椒..................... 40克
姜片.......................少许
葱段.......................少许

调料

盐 3克
鸡粉 3克
白糖 ....适量
生抽 ....适量
食粉 ....适量
生粉 ....适量
料酒 ....适量
水淀粉 ....适量
食用油 ....适量

/ 做法 /

1 将洗净的蒜薹切成段；洗好的彩椒切成条。

2 洗净的牛肉切大片，拍打松软，切成细丝，加盐、鸡粉、白糖、生抽、食粉、生粉、食用油，腌渍入味。

3 热锅注油烧热，倒入牛肉丝，滑油至变色，捞出待用。

4 锅底留油烧热，倒入姜片、葱段，爆香；放入蒜薹、彩椒，炒匀，淋入料酒，炒匀提味。

5 放入牛肉丝，加入适量盐、鸡粉、生抽、白糖，炒匀调味，倒入水淀粉勾芡即可。

魔芋烧肉片

爱它，就吃光它

原料

魔芋......................350克
猪瘦肉..................200克
泡椒........................20克
姜片........................少许
蒜末........................少许
葱花........................少许

调料

盐 3克
鸡粉 3克
豆瓣酱 10克
料酒 4毫升
水淀粉 ....适量
食用油 ....适量

/ 做法 /

1 将洗净的魔芋切条，再切成片。

2 洗好的猪瘦肉切薄片，装入碗中，放入少许盐、鸡粉、水淀粉、食用油，腌渍至其入味。

3 锅中注水烧开，加入少许盐，放入魔芋片，焯煮约半分钟，捞出沥干，待用。

4 用油起锅，倒入肉片，快速翻炒至变色；淋入少许料酒，炒匀炒香，放入姜片、蒜末，炒匀；倒入备好的泡椒，加入豆瓣酱，炒出香辣味。

5 放入魔芋片，转小火，加鸡粉、盐、豆瓣酱，炒匀，倒入水淀粉，翻炒入味；盛入盘中，点缀葱花即成。

辣子肉丁

连下三碗饭还觉意犹未尽

原料

猪瘦肉	250克
莴笋	200克
红椒	30克
花生米	80克
干辣椒	20克
姜片	少许
蒜末	少许
葱段	少许

调料

盐	4克
鸡粉	3克
料酒	10毫升
水淀粉	5毫升
辣椒油	5毫升
食粉	适量
食用油	适量

/ 做法 /

1 洗净去皮的莴笋切成丁；洗好的红椒切成段。

2 猪瘦肉切丁，放食粉、盐、鸡粉、水淀粉、食用油，腌渍至其入味。

3 莴笋丁、花生米分别焯水，捞出，沥干水分。

4 热锅注油烧热，倒入花生米，炸香，捞出；倒入瘦肉丁，滑油至变色，捞出，沥干备用。

5 锅底留油，放入姜片、蒜末、葱段、红椒、干辣椒炒香；放入莴笋翻炒；倒入瘦肉丁炒匀；加辣椒油、盐、鸡粉、料酒、水淀粉、花生米，炒匀即可。

豆瓣排骨

一见如故有没有？！

原料

排骨段 300克
芽菜 100克
红椒 20克
姜片 .... 少许
葱段 .... 少许
蒜末 .... 少许

调料

豆瓣酱 20克
料酒 3毫升
生抽 3毫升
鸡粉 2克
盐 2克
老抽 2毫升
水淀粉 ....适量
食用油 ....适量

/ 做法 /

1 洗净的红椒切圈。

2 洗净的排骨焯水，捞出。

3 用油起锅，放姜片、蒜末、豆瓣酱炒香；倒入排骨炒匀；加芽菜、料酒、水，炒匀，放入生抽、鸡粉、盐、老抽，炒匀调味，烧开后用小火焖至食材熟透。

4 放入红椒圈、葱段，倒入适量水淀粉，快速翻炒匀即可。

排骨酱焖藕

如此美味，你愿意让别人跟你分享吗

原料

莲藕..... 300克
排骨..... 580克
干辣椒 ...10克
八角 .... 少许
桂皮 .... 少许
姜片 .... 少许
葱段 .... 少许

调料

料酒 6毫升
生抽 5毫升
盐 3克
鸡粉 2克
水淀粉 4毫升
食用油 ..... 适量

/ 做法 /

1 洗净去皮的莲藕切块。

2 锅中注水烧开，倒入排骨，搅匀，汆煮片刻，捞出，沥干水分，待用。

3 热锅注油烧热，放入干辣椒、八角、桂皮、姜片，炒香；倒入排骨，快速翻炒片刻；加入料酒、生抽，翻炒提鲜。

4 倒入莲藕，注入适量清水，加入少许盐，翻炒片刻。

5 盖上锅盖，煮开后转小火，焖40分钟至熟软。

6 掀开锅盖，加入少许鸡粉，翻炒片刻。

7 淋入少许水淀粉，翻炒收汁，倒入葱段，炒香即可。

———— 健康贴士 ————

排骨含有蛋白质、脂肪、维生素A、维生素E及多种微量元素，常食有助于滋阴壮阳、益精补血。

开胃秘诀

将排骨汆水后再烹饪，可以使成菜色泽更清爽。

酱烧排骨

好丰富的口感！与平庸彻底决裂

原料

排骨段	350克
水发海带	80克
水发黄豆	65克
草果	少许
八角	少许
桂皮	少许
香叶	少许
姜片	少许
葱段	少许

调料

料酒	5毫升
老抽	2毫升
生抽	4毫升
盐	2克
鸡粉	2克
胡椒粉	少许
水淀粉	适量
食用油	适量

/ 做法 /

1. 洗好的海带划开，用斜刀切块，备用。
2. 锅中注水烧开，倒入排骨段汆去血水，捞出备用。
3. 用油起锅，倒入姜片、葱段爆香；加排骨、香叶、草果、桂皮、八角、料酒、老抽、生抽，翻炒。
4. 倒入黄豆炒匀，倒入适量清水，加入海带，翻炒均匀，煮至沸，盖上锅盖，用小火焖至食材熟透。
5. 揭开锅盖，撒上葱段，加盐、鸡粉、胡椒粉、水淀粉，炒匀收汁；盛入盘中，拣出桂皮、姜片后即可食用。

酸甜西红柿焖排骨

绝对要把酱汁都舔干净！

原料

排骨段 350克
西红柿 120克
蒜末.....................少许
葱花.....................少许

调料

生抽.....................4毫升
盐 2克
鸡粉 2克
料酒、番茄酱 .... 各少许
红糖 .... 适量
水淀粉 .... 适量
食用油 .... 适量

/ 做法 /

1 锅中注水烧开，放入西红柿，煮至表皮裂开，捞出放凉，剥去表皮，切成小块。

2 另起锅，注水烧开，倒入排骨段，煮约1分30秒，汆去血水，捞出待用。

3 用油起锅，放蒜末爆香；放排骨段炒干，加料酒、生抽、水、盐、鸡粉、红糖，拌匀。

4 放入西红柿，加入番茄酱，炒匀炒香，用小火焖煮至熟，转大火收汁，倒入适量水淀粉，拌煮约半分钟，盛出装入盘中，撒上葱花即可。

酱爆腰花

像烟花一样绽放的腰花

原料

猪腰 350克
黄瓜 150克
水发木耳
.... 80克
姜片 ...... 少许
葱段 ...... 少许

调料

盐 2克
鸡粉 1克
生抽 5毫升
料酒 ... 10毫升
水淀粉
.... 10毫升
豆瓣酱 ... 适量
食用油 ... 适量

做法

1 洗净的黄瓜对半切开，斜刀切段，改切菱形片。

2 洗好的猪腰对半切开，去掉筋膜，剖成片，划十字刀不切断，切成腰花。

3 将腰花装碗，注入适量清水，加入料酒、盐，浸泡10分钟至去除腥味及血水。

4 沸水锅中倒入泡过的腰花，汆煮至变色，捞出，沥干水分，装碗待用。

5 热锅注油，倒入姜片、葱段；放入豆瓣酱，炒香。

6 倒入木耳、腰花、黄瓜，翻炒约1分钟至断生。

7 加入料酒、生抽、鸡粉、盐，翻炒至入味，用水淀粉勾芡，炒至收汁即可。

—— 健康贴士 ——

猪腰含有蛋白质、脂肪、铁、磷、钙、多种维生素，常食有助于养肝护肾、补中益气。

开胃秘诀

泡洗猪腰时可多捏挤一会儿，能有效去除腥味。

红烧牛肉

经典的味道总让人难忘

原料

牛肉	300克
冰糖	15克
干辣椒	6克
花椒	3克
八角	少许
葱段	少许
姜片	少许
蒜末	少许
桂皮	适量

调料

食粉	2克
盐	3克
鸡粉	3克
生抽	7毫升
水淀粉	15毫升
陈醋	6毫升
料酒	10毫升
豆瓣酱	7克
食用油	适量

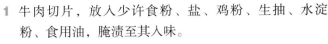

/ 做法 /

1. 牛肉切片，放入少许食粉、盐、鸡粉、生抽、水淀粉、食用油，腌渍至其入味。
2. 牛肉片焯水，捞出，沥干水分。
3. 热锅注油烧热，倒入牛肉片滑油半分钟，捞出备用。
4. 锅底留油烧热，放姜片、蒜末爆香；加干辣椒、花椒、八角、桂皮、冰糖爆香；倒入牛肉，加入料酒、生抽、豆瓣酱、陈醋、盐、鸡粉，翻炒均匀。
5. 注水，搅匀煮沸，焖熟，转大火收汁，倒入水淀粉，翻炒入味，盛出，装入盘中，撒上葱段即可。

西红柿鸡蛋炒牛肉

它成就了牛肉的另一番美味

原料

牛肉 120克
西红柿 70克
鸡蛋 1个
葱花 .... 少许
姜末 .... 少许

调料

盐 2克
鸡粉 2克
生抽 5毫升
料酒 5毫升
白糖 .... 适量
食粉 .... 适量
水淀粉 .... 适量
食用油 .... 适量

/ 做法 /

1 洗净的西红柿去蒂，切成小瓣；洗好的牛肉切成片。

2 鸡蛋打入碗中，加入盐、鸡粉，打散调匀，制成蛋液。

3 将牛肉片装入碗中，加入盐、生抽、料酒、食粉、水淀粉、食用油，腌渍入味。

4 热锅注油烧热，倒入牛肉，拌匀，捞出；锅底留油烧热，倒入蛋液，炒成蛋花，盛出，待用。

5 用油起锅，倒入姜末，爆香；放入西红柿，炒匀；加入少许盐、白糖，炒匀；倒入牛肉，淋入少许料酒，炒香；放入鸡蛋，炒散，撒上葱花，炒出葱香味即可。

❶

❷

❸

❹

❺

香菇牛柳

鲜嫩爽滑，棒棒哒

（二维码）

原料

芹菜	40克
香菇	30克
牛肉	200克
红椒	少许

调料

盐	2克
鸡粉	2克
生抽	8毫升
水淀粉	6毫升
蚝油	4克
料酒	适量
食用油	适量

/ 做法 /

1 洗净的香菇切成片，备用，洗好的芹菜切成段。

2 牛肉切成条，装入碗中，放入少许盐、料酒、生抽、水淀粉、食用油，腌渍至其入味。

3 锅中注入适量清水烧开，倒入香菇，略煮片刻，捞出，沥干水分，待用。

4 热锅注油，倒入牛肉，翻炒均匀，放入香菇、红椒、芹菜，翻炒匀。

5 加入少许生抽、鸡粉、蚝油、水淀粉，翻炒片刻至食材入味即可。

牛肉蔬菜咖喱

趁着香味正浓的时候出锅就对了

原料

牛肉	380克
胡萝卜	190克
土豆	200克
口蘑	100克
姜片	适量
咖喱块	适量

调料

盐	2克
鸡粉	2克
水淀粉	6毫升
白糖	2克
食用油	适量
食粉	适量

/ 做法 /

1 洗净去皮的胡萝卜切菱形片；洗净去皮的土豆切成片；洗净的口蘑去柄，切成片。

2 处理好的牛肉切成片，装入碗中，加盐、鸡粉、食粉、水淀粉、食用油，搅拌片刻。

3 锅中注入适量清水烧开，倒入土豆、口蘑、胡萝卜焯水，捞出；倒入牛肉焯水，捞出，装盘备用。

4 热锅注油烧热，倒入姜片、咖喱块，炒制溶化，注入适量清水，倒入焯好的食材，搅拌匀。

5 倒入余好的牛肉，加盐、鸡粉、白糖、水淀粉，搅匀调味即可。

酱焖牛腩

忘不了的酱焖牛腩，味道和口感一流

 原料

熟牛腩...240克
土豆.....130克
胡萝卜..120克
洋葱.......90克
茴香.......10克
八角.......适量
桂皮.......适量
姜片.......适量
蒜头.......适量

 调料

盐 2克
生抽.....5毫升
黄豆酱...10克
鸡粉.......2克
水淀粉..4毫升
食用油...适量

/ 做法 /

1 洗净去皮的胡萝卜、土豆切成块；处理好的洋葱切成块；蒜头去皮，对半切开，待用。

2 热锅注油烧热，倒入蒜头、姜片、香料，爆香；倒入土豆、胡萝卜，翻炒。

3 淋入少许生抽，翻炒均匀；倒入黄豆酱，翻炒上色。

4 倒入熟牛腩，注入少许清水，炒匀，加入些许盐，快速炒匀调味。

5 煮开后转小火焖至熟软。

6 加入鸡粉、洋葱，快速翻炒匀。

7 淋入少许水淀粉，翻炒片刻收汁即可。

—————— 健康贴士 ——————

土豆含有淀粉、蛋白质、脂肪、粗纤维、硫胺素等成分，常食有助于健脾开胃、益气调中、缓急止痛。

开胃秘诀

熟牛腩切得大小均匀一些，味道也会比较均匀。

笋干烧牛肉

勾起你肚子里的馋虫

原料

牛肉	300克
水发笋干	150克
蒜苗	50克
干辣椒	15克
姜片	少许

调料

盐	2克
鸡粉	2克
白糖	2克
胡椒粉	3克
料酒	3毫升
生抽	5毫升
水淀粉	5毫升
食用油	适量

做法

1. 泡好的笋干切块；洗净的蒜苗斜刀切段；洗净的牛肉切片，装碗待用。
2. 热水锅中倒入笋干，汆煮一会儿，捞出待用。
3. 牛肉中加入盐、鸡粉、料酒、胡椒粉、水淀粉，腌渍。
4. 起锅注油，倒入牛肉，滑油2分钟，捞出待用。
5. 热锅注油，倒入姜片、干辣椒，爆香；倒入笋干，炒至熟；放入牛肉，炒至食材熟透；加入生抽、盐、鸡粉、白糖，倒入蒜苗，炒至入味，用水淀粉勾芡，炒匀至收汁即可。

红酒炖牛肉

这道菜不能贪吃，小心醉了

原料

牛肉块	200克
口蘑	60克
胡萝卜	95克
洋葱	87克
红酒	150毫升

调料

番茄酱	40克
盐	3克
鸡粉	2克
白糖	3克
食用油	适量

/ 做法 /

1. 洗净去皮的胡萝卜切滚刀块；处理好的洋葱切成块；洗净的口蘑对半切开。

2. 锅中注水大火烧开，倒入牛肉块，汆煮片刻，捞出，沥干水分，待用。

3. 用油起锅，倒入洋葱、胡萝卜、口蘑、牛肉块，炒香；淋上红酒，加入番茄酱、盐，炒匀。

4. 将菜肴盛入砂锅中，注入适量的清水，用大火煮开后转小火炖1个小时。

5. 放入白糖、鸡粉，搅匀调味即可。

牛肉苹果丝

清爽又美味的搭配，怎么不爱呀？

原料

牛肉丝 .. 150克
苹果 150克
生姜 15克

调料

盐 3克
鸡粉 2克
料酒 5毫升
生抽 4毫升
水淀粉 ... 3毫升
食用油 ..... 适量

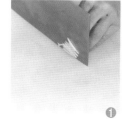
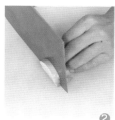

/ 做法 /

1 洗净的生姜切薄片，再切成丝。

2 洗好的苹果切成厚片，去核，切成丝。

3 将牛肉丝装入盘中，加入少许盐、料酒、水淀粉，拌匀。

4 淋入少许食用油，腌渍半小时至其入味，备用。

5 热锅注油，倒入切好的姜丝、牛肉，翻炒至变色。

6 淋入少许料酒、生抽，放入盐、鸡粉，倒入备好的苹果条，快速翻炒均匀。

7 关火后将炒好的菜肴盛入盘中即可。

健康贴士

苹果含有葡萄糖、蔗糖、胡萝卜素和多种维生素、矿物质，常食有助于增强记忆力、美容养颜、养心润肺。

开胃秘诀

苹果切好后最好立刻炒制，以免氧化变黑，影响食欲。

魔芋烧牛舌

魔芋带着牛舌的鲜香

原料

卤牛舌 300克
魔芋豆腐 350克
泡椒 25克
姜片 ....少许
蒜末 ....少许
葱段 ....少许

调料

盐 2克
鸡粉 2克
料酒 4毫升
辣椒酱 10克
豆瓣酱 5克
生抽 3毫升
水淀粉 ....适量
食用油 ....适量

/ 做法 /

1 洗好的魔芋豆腐切块；卤
  牛舌切片；泡椒切开。

2 魔芋豆腐焯水，捞出。

3 用油起锅，倒入蒜末、姜
  片、葱段、泡椒爆香；倒
  入卤牛舌、料酒，炒匀。

4 倒入魔芋豆腐、辣椒
  酱、水、盐、鸡粉、豆
  瓣酱、生抽，煮熟；倒
  入水淀粉，炒匀即可。

原料

牛百叶 250克
水发腐竹 100克
水发笋干 70克
香菜 30克
朝天椒 20克
干辣椒、花椒 各15克
葱段、姜片 ....各少许

调料

盐 1克
鸡粉 1克
豆瓣酱 30克
生抽 5毫升
料酒 5毫升
芝麻油 10毫升
辣椒油 10毫升
食用油 ....适量

香锅牛百叶

放开那锅牛百叶，它是我的，我的！

①

/ 做法 /

1　泡好的腐竹切段；泡好的笋干切块；洗净的牛百叶切块；洗好的朝天椒切圈。

2　笋干和牛百叶分别焯水，捞出装盘待用。

3　另起锅注油，倒入姜片，爆香；加入豆瓣酱，放入适量花椒、朝天椒，拌匀；加入料酒、生抽、清水，倒入笋干、腐竹，稍煮至熟软，加入盐、鸡粉，拌匀。

4　倒入牛百叶，稍煮入味，放入香菜、芝麻油，拌匀，盛出装碗，放上葱段、花椒、干辣椒，待用。

5　另起锅注油，倒入辣椒油，拌匀，烧至六七成热，浇在盘中的菜肴上，放上香菜点缀即可。

回锅牛筋

弹牙牛筋，好吃到停不了口

原料

牛筋块..150克
青椒.......30克
红椒.......30克
花椒.......少许
八角.......少许
姜片.......少许
蒜末.......少许
葱段.......少许

调料

盐 2克
鸡粉 2克
生抽.......6毫升
豆瓣酱 10克
料酒.......3毫升
水淀粉 ...8毫升
食用油 .....适量

/ 做法 /

1 洗净的青椒、红椒去籽，切小块。

2 锅中注入适量清水烧开，加入少许盐，倒入牛筋，煮约1分钟，捞出，沥干水，待用。

3 用油起锅，倒入花椒、八角、姜片、蒜末、葱段，爆香，放入青椒、红椒，快速炒匀。

4 倒入余过水的牛筋，炒匀炒香。

5 淋入少许生抽，炒匀，放入豆瓣酱，炒匀，淋入料酒，炒出香味。

6 倒入少许清水，炒匀，加入盐、鸡粉，炒匀调味。

7 转大火略煮一会儿，至食材入味，用水淀粉勾芡即可。

健康贴士

牛筋含有胶原蛋白、钠、磷、钾、镁等营养成分，常食有助于益气补虚、温中祛寒、强筋壮骨。

开胃秘诀

可选用卤牛筋烹饪此菜，口感更佳。

爆炒牛肚

非一般香辣，非一般好吃

原料

熟牛肚 200克
小米椒 80克
西芹 110克
朝天椒 30克
姜片 ....少许
蒜末 ....少许
葱段 ....少许

调料

盐 2克
鸡粉 2克
料酒 5毫升
生抽 5毫升
芝麻油 5毫升
食用油 ....适量

/ 做法 /

1 洗净的小米椒切小块；洗好的西芹切小段；洗净的朝天椒切圈；熟牛肚切粗条。

2 用油起锅，倒入朝天椒、姜片，爆香；放入牛肚，翻炒均匀。

3 倒入蒜末、小米椒、西芹段，炒匀；加入料酒、生抽。

4 注入适量清水，加入盐、鸡粉、芝麻油，炒匀。

5 放入葱段，翻炒约2分钟至入味即可。

原料

牛肚 270克
蒜苗 120克
彩椒 40克
姜片 ....少许
蒜末 ....少许
葱段 ....少许

调料

盐、鸡粉 各2克
蚝油 7克
豆瓣酱 10克
生抽、料酒......各5毫升
老抽 6毫升
水淀粉 ....各适量
食用油 ....各适量

红烧牛肚

你是好『肚』之徒吗？

/ 做法 /

1 洗净的蒜苗切成段；洗好的彩椒切菱形块；处理干净的牛肚切薄片。

2 锅中注水烧开，倒入牛肚，拌匀，汆去异味，捞出材料，沥干水分，备用。

3 用油起锅，倒入姜片、蒜末、葱段，爆香；倒入牛肚，炒匀，加入料酒，炒匀提味。

4 放入彩椒、蒜苗梗，炒匀；加入生抽、豆瓣酱，炒香炒透；注入少许清水，拌匀，放入盐、鸡粉、蚝油、老抽，用小火略煮至食材入味。

5 放入蒜苗叶炒软，倒入水淀粉炒熟即可。

红焖羊肉

香浓的口感，吃了还想吃

原料

白萝卜 ... 60克
胡萝卜 ... 40克
羊肉 300克
大蒜籽 ... 适量
葱段 .... 适量
姜片 .... 适量
香叶 .... 适量
桂皮 .... 适量
八角 .... 适量
草果 .... 适量
沙姜 .... 适量

调料

鸡粉 2克
盐 3克
老抽 3毫升
生抽 5毫升
料酒 5毫升
水淀粉 ... 6毫升
食用油 ..... 适量

/ 做法 /

1 处理好的羊肉切成小块。

2 洗净去皮的胡萝卜、白萝卜切滚刀块。

3 用油起锅，倒入葱段、大蒜籽、姜片，爆香。

4 放入羊肉，翻炒至转色；淋入料酒、生抽，快速翻炒均匀。

5 加入香叶、桂皮、八角、草果、沙姜，翻炒片刻，注水，加入老抽、盐，搅匀调味，煮开后转小火煮至入味。

6 倒入胡萝卜、白萝卜，搅拌匀，续煮至食材熟透。

7 将里面的香料捡出，加入鸡粉，翻炒片刻，淋入水淀粉，大火翻炒收汁即可。

健康贴士

羊肉性温味甘，含有蛋白质、B族维生素、磷、铁、钙等营养成分，常食有助于益气补血、温中暖下、补肝明目。加上大葱有壮阳补阴的作用。

开胃秘诀

羊肉本身富有鲜味，可不放鸡粉，保持原有滋味。

红酒炖羊排

高大上的开胃菜，你要不要试试

原料

羊排骨段	300克
芋头	180克
胡萝卜块	120克
芹菜	50克
红酒	180毫升
蒜头	少许
姜片	少许
葱段	少许

调料

盐	2克
白糖	3克
鸡粉	3克
生抽	5毫升
料酒	6毫升
食用油	适量

/ 做法 /

1 去皮洗净的芋头切成小块；洗净的芹菜切长段。

2 热锅注油烧热，倒入芋头块，用小火炸香，捞出待用。

3 羊排骨段汆去血水，捞出，沥干待用。

4 用油起锅，倒入羊肉炒匀；放入蒜头、姜片、葱段爆香；加入红酒、清水，烧开后用小火煮至食材熟软。

5 倒入芋头、胡萝卜块，加盐、白糖、生抽、料酒，拌匀，用小火续煮入味；放芹菜段、鸡粉，炒匀即成。

酱爆大葱羊肉

在这个moment，羊肉也要酱爆了

原料

羊肉片	130克
大葱段	70克

调料

盐	1克
鸡粉	1克
白胡椒粉	1克
生抽	5毫升
料酒	5毫升
水淀粉	5毫升
食用油	适量
黄豆酱	30克

/ 做法 /

1 羊肉片装碗，加入盐、料酒、白胡椒粉、水淀粉、少许食用油，搅拌均匀，腌渍10分钟至入味。

2 热锅注油，倒入腌好的羊肉，炒约1分钟至转色。

3 倒入黄豆酱。

4 放入大葱，翻炒出香味。

5 加入鸡粉、生抽，大火翻炒至入味即可。

孜然羊肚

孜然好风味，与肉最相配

原料

熟羊肚 200克
青椒 25克
红椒 25克
姜片、蒜末、葱段 ..各少许

调料

孜然 2克
盐 2克
生抽 5毫升
料酒 10毫升
食用油 ....适量

/ 做法 /

1 将羊肚切成条状；洗好
   的红椒、青椒切成粒。

2 羊肚焯水，捞出待用。

3 用油起锅，倒入姜片、蒜
   末、葱段爆香；放入青
   椒、红椒，翻炒均匀。

4 倒入羊肚，翻炒片刻，
   淋入料酒炒匀，放盐、
   生抽，炒匀，加孜然
   粒，翻炒出香味即可。

原料

熟羊肚 200克
竹笋 100克
水发香菇 10克
青椒 .... 少许
红椒 .... 少许
姜片、葱段 .... 各少许

调料

盐 2克
鸡粉 3克
料酒 5毫升
生抽 .... 适量
水淀粉 .... 适量
食用油 .... 适量

红烧羊肚

这道羊肚绝对超够味的

/ 做法 /

1 洗净的青椒、红椒切开，去籽，再切成小块。

2 洗净的香菇切成小块；洗好去皮的竹笋切片；将熟羊肚
切成块。

3 锅中注入适量清水烧开，倒入笋片，略煮一会儿，捞出
装入盘中，备用。

4 用油起锅，放入姜片、葱段，倒入青椒、红椒、香菇，
炒匀；倒入竹笋、羊肚，翻炒匀。

5 淋入料酒，炒匀；加入盐、鸡粉、生抽、水淀粉，炒匀
即可。

土豆炖羊肚

土豆配羊肚，太好吃了

原料

羊肚......500克
土豆......300克
红椒......15克
桂皮......少许
八角......少许
花椒......少许
葱段......少许
姜片......少许

调料

盐............2克
鸡粉........3克
水淀粉...适量
生抽......适量
蚝油......适量
料酒......适量
食用油...适量

/ 做法 /

1 锅中注入适量清水烧开，放入洗好的羊肚，淋入料酒，略煮一会儿，备用。

2 另起锅，注入适量清水，放入羊肚，加入葱段、八角、桂皮，淋入料酒，略煮一会儿，汆去异味，捞出羊肚，装入盘中，放凉备用。

3 把放凉的羊肚切块；洗净的红椒切成小块；洗好去皮的土豆切滚刀块，备用。

4 用油起锅，倒入姜片、葱段、爆香；放入羊肚、花椒，炒匀。

5 淋入料酒，注入适量清水，加入生抽、盐、蚝油，拌匀；倒入土豆，拌匀，用大火炖30分钟至熟。

6 倒入红椒，加入鸡粉，拌匀，倒入适量水淀粉，炒匀。

7 放入葱段，炒匀即可。

健康贴士

羊肚含有蛋白质、烟酸、钙、磷、镁等营养成分，常食有助于益气补血、健脾养胃、增强免疫力。

开胃秘诀

汆煮羊肚时加料酒，可以有效去除异味。

禽蛋滋味无敌

禽肉味道鲜美、口感细嫩、易于消化，而且脂肪含量较低，是注重健康的朋友的日常良选。蛋类是人体最好的营养品，搭配其他食材烹饪，既好吃又易吸收。如何把禽肉与禽蛋，烹调成餐桌上的美味佳肴？本章给你最直观、最实用的做法。

花椒鸡

遇到好吃的就别顾忌形象了

原料

鸡肉块	300克
花椒	10克
洋葱	90克
青椒	50克
姜片、葱段	各少许

调料

盐	2克
鸡粉	3克
料酒	8毫升
生抽	4毫升
老抽	2毫升
水淀粉	3毫升
食用油	适量

/ 做法 /

1 将洗净的洋葱切小块；洗净的青椒切小块。

2 锅中注水烧开，倒入鸡肉块，煮沸，氽去血水，捞出，沥干水分，待用。

3 用油起锅，放入花椒、姜片、葱段，爆香；倒入鸡肉块，放入料酒、生抽、老抽，炒匀。

4 再加入适量清水，加盖，用中火焖10分钟。

5 揭盖，放入洋葱、青椒，炒匀；放入盐、鸡粉，炒匀调味；放入水淀粉，勾芡即可。

原料

腊鸡腿块 150克
去皮土豆 110克
水发木耳 70克
干辣椒 15克
姜片 .... 少许

调料

盐 2克
鸡粉 2克
胡椒粉 2克
老抽 5毫升
料酒 5毫升
生抽 5毫升
食用油 .... 适量

腊鸡腿烧土豆

有土豆有腊鸡腿，足矣

/ 做法 /

1 洗净的土豆切滚刀块，水发木耳撕成小块，待用。

2 用油起锅，放入干辣椒、姜片，爆香；倒入腊鸡腿块，加入料酒、生抽，炒匀。

3 放入土豆块，注水，倒入木耳，加入盐，拌匀，加上盖，大火焖至腊鸡腿变软。

4 揭开盖，加入鸡粉、胡椒粉、老抽，翻炒均匀至入味即可。

榛蘑辣爆鸡

美味且健康，开胃又下饭

原料

鸡块.........235克
水发榛蘑 ... 35克
八角...........2个
花椒.........10克
桂皮...........5片
干辣椒......10克
姜片.........少许

调料

盐.............2克
鸡粉.........2克
白糖.........3克
料酒......5毫升
生抽......5毫升
老抽......5毫升
辣椒油..5毫升
花椒油..5毫升
水淀粉....适量
食用油....适量

/ 做法 /

1 洗净的鸡块焯水，盛出，待用。

2 用油起锅，放入八角、花椒、桂皮、姜片、干辣椒，爆香。

3 倒入鸡块，加料酒、生抽、老抽炒匀。

4 放入洗净的榛蘑，炒匀。

5 注入适量清水，加入盐，拌匀。

6 加盖，大火煮开后转小火煮30分钟至食材熟透。

7 揭盖，加入鸡粉、白糖、水淀粉、辣椒油、花椒油，搅拌片刻至入味即可。

——— 健康贴士 ———

榛蘑含有胡萝卜素、膳食纤维、钾、磷、镁、铁、锌等营养成分；鸡肉营养丰富，是高蛋白、低脂肪的健康食品，同时它所含有的脂肪酸多为不饱和脂肪酸，极易被人体吸收。

开胃秘诀

喜欢吃辣的话，可以多加点干辣椒。

荔枝鸡球

荔枝还能做菜？要不要试试？

原料

鸡胸肉	165克
荔枝	135克
鸡蛋	1个
彩椒	40克
姜片	少许
葱段	少许

调料

盐	3克
鸡粉	2克
料酒	5毫升
生粉	适量
水淀粉	适量
食用油	适量

/ 做法 /

1 将洗净的彩椒切菱形片；洗好的荔枝去皮，取果肉。

2 洗净的鸡胸肉切成肉末，加料酒、鸡粉、盐、鸡蛋、生粉，拌匀，制成肉糊，待用。

3 热锅注入适量食用油，烧至四五成热，再把面糊做成数个鸡肉丸，放入油锅中，用中小火炸至其呈金黄色，捞出，沥干油，待用。

4 用油起锅，放入姜片、葱段，爆香，倒入彩椒片，炒匀；放入荔枝肉、鸡肉丸，翻炒匀。

5 转小火，加入少许盐、鸡粉，淋上适量料酒、水淀粉，用大火快炒至食材入味即可。

辣炒乌鸡

乌鸡只能煲汤吗？NO

原料

乌鸡....................500克
青椒.....................50克
红椒.....................70克
洋葱................... 150克
姜片.....................少许

调料

鸡粉..................... 2克
豆瓣酱 10克
白糖..................... 2克
料酒.................5毫升
生抽.................3毫升
水淀粉.............4毫升
食用油 ....适 量

/ 做法 /

1 处理好的洋葱切块；洗净的红椒、青椒切开去籽，切成块。

2 锅中注水大火烧开，倒入乌鸡块，搅匀，去除血水，捞出，沥干水分待用。

3 热锅注油烧热，倒入姜片、豆瓣酱，爆香；倒入备好的洋葱、鸡块，快速翻炒片刻。

4 淋入少许料酒、生抽，注入适量清水，搅匀；加入些许鸡粉、白糖，搅匀调味。

5 倒入红椒、青椒，翻炒匀；倒入少许的水淀粉，搅匀收汁即可。

酱爆桃仁鸡丁

连小孩都欲罢不能的桃仁鸡丁，是有多好吃！

原料

核桃仁 ... 20克
鸡肉 350克
蛋液 ... 15毫升
葱段 .... 少许
姜丝 .... 少许

调料

盐 2克
鸡粉 2克
料酒 4毫升
生粉 10克
白糖 3克
黄豆酱 25克
水淀粉 ... 4毫升
食用油 ..... 适量

❶　　　　❷

/ 做法 /

1 将鸡肉切条，改切丁。

2 鸡丁装入碗中，加少许盐、料酒、蛋液、生粉，拌匀，腌渍10分钟。

3 热锅注油，烧至三成热，放入核桃仁，滑油约1分钟，捞出，沥干油，待用。

4 油温至五六成热，倒入鸡丁，搅散，滑油至断生，捞出，沥干油，待用。

5 锅留底油，放入姜丝，爆香；倒入鸡丁，略炒，加黄豆酱，炒匀。

6 倒入少许清水，放盐、鸡粉、白糖，加水淀粉，炒匀；放入葱段，搅拌。

7 放入核桃仁，炒匀即可。

―――― 健康贴士 ――――

核桃仁含有大量的维生素E、蛋白质及人体必需的不饱和脂肪酸，经常食用可润肺、黑发、滋养脑细胞，还可保护肝脏、降低胆固醇。

开胃秘诀

生核桃仁要先滑油，滑油后味道更香，口感更酥脆。

黄焖鸡

下馆子必点菜，自己做的更舒坦

原料

鸡肉块	350克
水发香菇	160克
水发木耳	90克
水发笋干	110克
干辣椒	少许
姜片	少许
蒜头	少许
葱段	少许
啤酒	600毫升

调料

盐	3克
鸡粉	少许
蚝油	6克
料酒	4毫升
生抽	5毫升
水淀粉	适量
食用油	适量

/ 做法 /

1 将洗净的笋干切段。

2 用油起锅，放入姜片、蒜头、葱白，爆香；倒入鸡肉块，炒至断生；淋上料酒，炒香。

3 放入香菇、笋干，撒上干辣椒，大火炝出辣味，再倒入啤酒，拌匀；加入少许盐、生抽、蚝油，拌匀调味，烧开后用小火焖至鸡肉入味。

4 倒入洗净的木耳，翻炒匀，用中小火煮至食材熟透。

5 加入少许鸡粉，炒匀，撒上葱叶，炒至断生；用水淀粉勾芡，转大火，炒至汤汁收浓即可。

原料

鸡胸肉 160克
绿豆芽 55克
姜末 .... 少许
蒜末 .... 少许

调料

芝麻酱 5克
鸡粉 2克
盐 2克
白糖 3克
生抽 5毫升
陈醋 6毫升
辣椒油 10毫升
花椒油 7毫升

怪味鸡丝

这鸡丝味道有多怪，要尝过才知！

/ 做法 /

1 锅中注水烧开，倒入鸡胸肉，拌匀，烧开后用小火煮约15分钟，捞出放凉。

2 把放凉的鸡胸肉切片，改切成粗丝。

3 锅中注水烧开，倒入绿豆芽，煮至断生，捞出，沥干水分，放入盘中，待用。

4 将鸡肉丝放在绿豆芽上，摆放好。

5 取一个小碗，放入少许芝麻酱，加入鸡粉、盐、生抽、白糖、陈醋、辣椒油、花椒油、蒜末、姜末，拌匀，调成味汁，浇在食材上即可。

蒜子陈皮鸡

没了蒜头，这个世界就黯淡了

原料

鸡腿 250克
彩椒 120克
鸡腿菇 50克
水发陈皮 ..6克
蒜头 30克
姜片 ....少许
葱段 ....少许

调料

盐 4克
鸡粉 4克
水淀粉 ...8毫升
料酒 10毫升
生抽 12毫升
食用油 .....适量

/ 做法 /

1 洗净的鸡腿菇、彩椒切成小块。

2 处理好的鸡腿切成小块，装入碗中，加入少许生抽、盐、鸡粉、料酒、水淀粉，抓匀上浆。

3 鸡腿菇、彩椒焯水，捞出，沥干水分，备用。

4 热锅注油，烧至四成热，放入蒜头，炸至微黄色，捞出；将鸡块倒入油中，搅散，至其变色，捞出，沥干油，待用。

5 锅底留油，倒入姜片、葱段，爆香；放入陈皮、蒜头，翻炒均匀。

6 倒入鸡块，快速翻炒均匀。

7 淋入适量料酒，倒入鸡腿菇、彩椒，放入少许盐、鸡粉、生抽、水淀粉，翻炒片刻，使其入味即可。

健康贴士

陈皮含有挥发油、橙皮苷、川陈皮素、柠檬烯、肌醇等成分，常食有助于理气健脾、燥湿化痰。

开胃秘诀

若喜欢蒜香味，可以将蒜头炸久一点，味道会更浓。

香辣田螺鸡

辣度、咸度都刚刚好！

原料

鸡腿块 300克
田螺 200克
八角 ....少许
干辣椒 ....少许
姜片 ....少许
葱段 ....少许
蒜末 ....少许

调料

盐 3克
鸡粉 2克
料酒 10毫升
生抽 3毫升
老抽 3毫升
豆瓣酱、水淀粉、芝麻
油、食用油.......各适量

/ 做法 /

1　锅中注水烧开，倒入鸡腿块，煮约1分钟，氽去血水，捞出沥干，装盘待用。

2　另起锅，注水烧开，倒入田螺，加入盐、料酒，煮约1分钟，捞出沥干，待用。

3　用油起锅，倒入八角、干辣椒、姜片、葱段、蒜末，爆香；倒入鸡块，炒匀，淋入料酒，炒匀提味。

4　加入生抽，炒匀，倒入田螺，炒香；加入豆瓣酱、老抽，注入适量清水，快速炒匀。

5　加入盐、鸡粉，用大火略煮至食材熟透；用水淀粉勾芡，淋入少许芝麻油，炒匀调味即可。

麻辣怪味鸡

味道怪怪的，吃到冒汗才罢休

原料

鸡肉	300克
红椒	20克
蒜末	少许
葱花	少许

调料

盐	2克
鸡粉	2克
生抽	5毫升
辣椒油	10毫升
料酒	适量
生粉	适量
花椒粉	适量
辣椒粉	适量
食用油	适量

/ 做法 /

1 将洗净的红椒切成小块。

2 洗好的鸡肉斩成小块，加入少许生抽、盐、鸡粉、料酒、生粉，腌渍至其入味。

3 锅中注油，烧至五成热，倒入鸡肉块，捞出，沥干油，待用。

4 锅底留油烧热，撒上蒜末，炒香；放入红椒块、鸡肉块，炒匀；倒入花椒粉、辣椒粉、葱花、盐、鸡粉、辣椒油，炒匀即可。

香辣鸡翅

嫩滑鸡翅，香香辣辣，好满足

原料

鸡翅.....270克
干辣椒...15克
蒜末.......少许
葱花.......少许

调料

盐 3克
生抽.....3毫升
白糖.......适量
料酒.......适量
辣椒油...适量
辣椒面...适量
食用油...适量

/ 做法 /

1 洗净的鸡翅装入碗中，加少许盐、生抽、白糖、料酒，拌匀，腌渍15分钟。

2 热锅注油，烧至四五成热，放入鸡翅，用小火炸至其呈金黄色，捞出，沥干油，待用。

3 锅底留油烧热，倒入备好的蒜末、干辣椒，爆香。

4 放入炸好的鸡翅，淋入料酒，炒香。

5 加入生抽，炒匀；倒入辣椒面，炒香。

6 淋入少许辣椒油，炒匀，加入少许盐，炒匀调味。

7 撒上葱花，炒出葱香味即可。

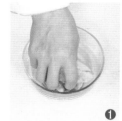

健康贴士

鸡肉含有多种维生素、钙、磷、锌、铁、镁等成分，还含有丰富的骨胶原蛋白，常食有助于强化血管、肌肉、肌腱和改善缺铁性贫血、增强免疫力。

开胃秘诀

鸡翅炸之前用生抽、料酒、盐、白糖腌渍，味道更好。

啤酒鸡翅

色、香、味俱全，吃了还想吃

原料

鸡翅......................700克
啤酒..................150毫升
葱段........................5克
姜丝........................5克

调料

老抽......................3毫升
生抽......................5毫升
盐 2克
白糖........................2克
食用油..................适量

/ 做法 /

1 鸡翅放开水中浸泡10分钟去除血水，捞出待用。

2 热锅注油烧热，倒入鸡翅煎香；倒入姜丝、葱段，倒入啤酒。

3 加老抽、生抽、盐、白糖，搅匀，盖上锅盖，烧开后转中火焖熟。

4 掀开锅盖，大火收汁后盛出即可。

原料

水发黄豆 200克
鸡翅 220克
姜片 ....少许
蒜末 ....少许
葱段 ....少许

调料

盐 2克
鸡粉 3克
生抽 2毫升
料酒 6毫升
水淀粉 ....适量
老抽 ....适量
食用油 ....适量

还没开饭就已吃光光了

黄豆焖鸡翅

/ 做法 /

1 将洗净的鸡翅斩成块。

2 把鸡翅装入碗中，放入少许盐、鸡粉、生抽、料酒、水淀粉，抓匀，腌渍至入味。

3 用油起锅，放入姜片、蒜末、葱段，爆香；倒入鸡翅，炒匀，淋入料酒，炒香。

4 加入适量盐、鸡粉，炒匀调味；倒入适量清水，放入黄豆，拌炒匀；放入适量老抽，炒匀。

5 用大火收汁，倒入水淀粉勾芡即可。

酱爆鸡心

美味鸡心就要抢着吃！

原料

鸡心 100克
黄豆酱 20克
白酒 15毫升
姜片 .... 少许
葱段 .... 少许

调料

盐 1克
鸡粉 1克
白糖 1克
老抽 3毫升
水淀粉 5毫升
食用油 .... 适量

/ 做法 /

1 沸水锅中倒入洗净的鸡心，氽煮至去除血水和腥味，捞出，沥干水分，装盘待用。

2 热锅注油，倒入姜片、葱段，爆香；放入黄豆酱，炒出香味。

3 倒入氽好的鸡心，翻炒约1分钟至熟透；放入白酒，翻炒均匀。

4 注入少许清水，加入老抽、盐、鸡粉、白糖，翻炒约1分钟至入味。

5 加入水淀粉，炒至收汁即可。

泡椒鸡脆骨

想把它瞬间消灭

原料

鸡脆骨 120克
泡小米椒 30克
姜片 .... 少许
蒜末 .... 少许
葱段 .... 少许

调料

料酒 5毫升
盐、鸡粉 各2克
生抽 3毫升
老抽 3毫升
豆瓣酱 7克
水淀粉 10毫升
食用油 .... 适量

/ 做法 /

1 锅中注水烧开,倒入鸡脆骨,加入料酒、盐,煮约半分钟,汆去血水,捞出沥干,待用。

2 用油起锅,倒入姜片、葱段、蒜末,爆香;放入鸡脆骨,炒匀,淋入料酒,加入少许生抽、老抽,炒匀炒透。

3 倒入泡小米椒,炒出香味;放入豆瓣酱,炒出香辣味。

4 加入盐、鸡粉,注入少许清水,炒匀,用大火略煮,至食材入味,倒入水淀粉勾芡即可。

酱鸭子

好一道酱鸭子，将米饭杀得片甲不留

原料

鸭肉......650克
八角.......少许
桂皮.......少许
香葱.......少许
姜片.......少许

调料

甜面酱...10克
料酒.....5毫升
生抽...10毫升
老抽.....5毫升
白糖........3克
盐...........3克
食用油...适量

/ 做法 /

1 将处理好的鸭肉抹上老抽、甜面酱，里外两面均匀抹上，腌渍入味。

2 热锅注油烧热，放入鸭肉，煎出香味，煎时翻一下，煎至两面微黄，盛出，装入盘中待用。

3 锅底留油烧热，倒入八角、桂皮，炒香；倒入姜片、香葱，炒制片刻，注入适量清水。

4 加入些许生抽、老抽、料酒、白糖、盐，搅匀。

5 放入备好的鸭肉，搅拌片刻。

6 盛出鸭肉，将汤汁倒入碗中待用。

7 将鸭肉放入砧板上，斩成块状装盘，将汤汁浇在鸭肉上，即可食用。

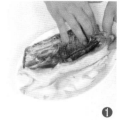
❶

❷

❸

❹

❺

❻

❼

—— 健康贴士 ——

鸭肉含有蛋白质、脂肪、维生素A、泛酸等成分，常食有助于清热解毒、养胃生津、利尿排水。

开胃秘诀

腌渍鸭子的时候可以加点料酒，能更好地去腥。

酸豆角炒鸭肉

碗筷根本放不下来

原料

鸭肉 500克
酸豆角 180克
朝天椒 40克
姜片 .... 少许
蒜末 .... 少许
葱段 .... 少许

调料

盐 3克
鸡粉 3克
白糖 4克
料酒 10毫升
生抽 5毫升
水淀粉 5毫升
豆瓣酱 10克
食用油 .... 适量

做法

1 处理好的酸豆角切段；洗净的朝天椒切圈，待用。

2 锅中注入适量清水烧开，倒入酸豆角焯水，捞出；倒入鸭肉，氽去血水，捞出，沥干水分。

3 用油起锅，放入葱段、姜片、蒜末、朝天椒，爆香；倒入鸭肉，快速翻炒匀；淋入料酒，放入豆瓣酱、生抽，炒匀。

4 加少许清水，放入酸豆角，炒匀；放入盐、鸡粉、白糖，炒匀调味，用小火焖至食材入味。

5 倒入少许水淀粉炒均，盛入盘中，放入葱段即可。

茭白烧鸭块

就是这么好吃没商量！

原料

鸭肉	500克
青椒	50克
红椒	50克
茭白	50克
五花肉	100克
陈皮	5克
香叶、沙姜	各2克
八角	1个
生姜	10克
蒜头	10克
葱段	6克
冰糖	15克

调料

盐、鸡粉	各1克
料酒	5毫升
生抽	10毫升
食用油	适量

/ 做法 /

1 洗净的生姜切厚片；洗好的红椒、青椒斜刀切成圈；洗好的茭白切滚刀块；五花肉切厚片。

2 用油起锅，倒入姜片、蒜头，爆香；放入鸭肉，炒出香味；倒入葱段，炒匀。

3 加入切好的五花肉，翻炒均匀；加入生抽、料酒、所有香料、冰糖，翻炒片刻至香料香味析出。

4 倒入切好的茭白，翻炒均匀；注入200毫升左右的清水，加入盐，拌匀，用大火煮开后转小火焖入味。

5 倒入青红椒，炒匀，加入鸡粉、生抽，炒匀即可。

丁香鸭

这么多配料，这鸭能不好吃吗？

原料

鸭肉 400克
桂皮 .... 适量
八角 .... 适量
丁香 .... 适量
草豆蔻 ... 适量
花椒 .... 适量
姜片 .... 少许
葱段 .... 少许

调料

盐 2克
冰糖 20克
料酒 5毫升
生抽 6毫升
食用油 ... 适量

/ 做法 /

1 将洗净的鸭肉斩成小件。

2 鸭肉块焯水，捞出沥干，待用。

3 用油起锅，撒上姜片、葱段爆香，倒入鸭肉，炒匀。

4 淋入料酒、生抽，炒匀炒透。

5 加入冰糖，炒匀，放入桂皮、八角、丁香、草豆蔻、花椒，炒匀炒香，注入适量清水，大火煮沸，加入少许盐。

6 盖上盖，转中小火焖煮约30分钟。

7 揭盖，拣出姜葱以及其他香料，再转大火收汁，盛出，摆好盘即可。

健康贴士

鸭肉含有蛋白质、维生素B$_6$、膳食纤维、维生素E以及钙、磷、钠、镁、铁、锰等微量元素，常食有助于温脾胃、消饮食、理气滞、固本培元。

开胃秘诀

收汁时加少许芝麻油，做出来的菜肴更香。

青梅炆鸭

遇上酸溜青梅，鸭子也能小清新

原料

鸭肉块 400克
土豆 160克
青梅 80克
洋葱 60克
香菜 .... 适量

调料

盐 2克
番茄酱 .... 适量
料酒、食用油 .... 适量
食用油 .... 适量

/ 做法 /

1 将洗净去皮的土豆切成块状；洗好的洋葱切成片；青梅切去头尾。

2 锅中注入适量清水烧开，倒入鸭肉块，加入适量料酒，煮2分钟，捞出。

3 用油起锅，倒入鸭肉，炒匀；放入洋葱，炒匀，加入番茄酱，炒香，注水，拌匀。

4 倒入青梅、土豆，加适量盐，拌匀调味，用小火续煮熟，盛出，放上适量香菜即可。

原料

腊鸭块 360克
蒜苗段 40克
剁椒....................30克
姜片 ....少许

调料

鸡粉 2克
食用油 ....适量
生抽 ....适量

香炒腊鸭

腊鸭的宿命，就是蒜苗君吗

/ 做法 /

1 将腊鸭块装于碗中，加入适量清水。

2 放入烧开的蒸锅，盖上盖子，用大火蒸20分钟，取出，待用。

3 用油起锅，放入姜片，爆香；放入剁椒，炒匀，加生抽，放入腊鸭块，炒匀。

4 加盖，用中火焖5分钟。

5 揭盖，放鸡粉、蒜苗，炒匀即可。

❶

洋葱炒鸭胗

鸭胗遇上洋葱，会流泪吗？

原料

鸭胗	170克
洋葱	80克
彩椒	60克
姜片	少许
蒜末	少许
葱段	少许

调料

盐	3克
鸡粉	3克
料酒	5毫升
蚝油	5克
生粉	适量
水淀粉	适量
食用油	适量

/ 做法 /

1 洗净的彩椒、洋葱切开，改切成小块。

2 洗净的鸭胗切上花刀，再切成小块，装入碗中，加入少许料酒、盐、鸡粉、生粉，拌匀，腌渍约10分钟。

3 锅中注入适量清水烧开，倒入腌好的鸭胗，拌匀，汆去血水，捞出，待用。

4 用油起锅，倒入姜片、蒜末、葱段，爆香；放入汆过水的鸭胗，炒匀；淋入少许料酒，炒香。

5 倒入洋葱、彩椒，炒至熟软；加入少许盐、鸡粉、蚝油，炒匀调味；淋入少许清水，炒匀炒透，倒入适量水淀粉，拌炒片刻，至食材完全入味即可。

原料

鸭心	20克
醪糟	100克
陈皮	5克
花椒	少许
干辣椒	少许
姜片	少许
葱段	少许

调料

料酒	10毫升
盐	2克
鸡粉	2克
蚝油	3克
水淀粉	4毫升
食用油	适量

/ 做法 /

1 锅中注水烧开，倒入鸭心，淋入少许料酒，余去血水，捞出，沥干水分，待用。

2 热锅注油，倒入姜片、葱段，爆香；放入鸭心，淋入适量料酒，翻炒片刻；放入花椒、干辣椒，炒出香味。

3 倒入陈皮、醪糟，快速翻炒均匀；倒入清水，煮沸。

4 加入少许盐、蚝油，翻炒匀，转小火焖15分钟至熟。

5 加入少许鸡粉，倒入适量水淀粉勾芡，再倒入葱段，翻炒出香味即可。

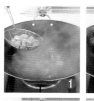

酱香鸭翅

有滋有味的酱香鸭翅，忍不住多吃了几个

原料

鸭翅 300克
青椒 80克
去皮胡萝卜 ... 60克
朝天椒 10克
干辣椒段 5克
姜丝 .... 少许

调料

料酒 5毫升
沙茶酱 ... 20克
柱侯酱 ... 20克
食用油 ... 适量

❶

❷

❸

❹

/ 做法 /

1 洗好的青椒去柄，切开去籽，切块，改切成丝。

2 洗净的胡萝卜切小片，改切丝。

3 鸭翅切成段，装入碗中，放入干辣椒段、朝天椒段、柱侯酱、沙茶酱、料酒，腌渍至入味。

4 另起锅注油，倒入腌好的鸭翅，稍微煎片刻至香味析出。

5 放入姜丝，翻炒均匀，注入少许清水，拌匀。

6 加盖，用中火焖20分钟至熟软。

7 揭盖，倒入切好的胡萝卜丝、青椒丝，翻炒片刻至断生即可。

❺

❻

❼

--- 健康贴士 ---

鸭翅含有蛋白质、脂肪、碳水化合物、钙、磷、铁、B族维生素等营养成分，常食有助于补虚、滋阴、养胃生津。

开胃秘诀

出锅前可转大火烧至汁液收干，能使鸭翅更入味。

黄焖仔鹅

黄焖仔鹅够新鲜吧！

原料

鹅肉	600克
嫩姜	120克
红椒	1个
姜片	少许
蒜末	少许
葱段	少许

调料

盐	3克
鸡粉	3克
生抽	少许
老抽	少许
黄酒	适量
水淀粉	适量
食用油	适量

/ 做法 /

1 将洗净的红椒对半切开，去籽，再切小块；把洗好的嫩姜切片。

2 锅中注水烧开，放入嫩姜，煮1分钟，捞出；倒入鹅肉，搅拌匀，氽去血水，捞出待用。

3 用油起锅，放入蒜末、姜片，爆香；倒入鹅肉，炒匀；加入少许生抽、盐、鸡粉、黄酒，炒匀调味。

4 倒入适量清水，放入老抽，炒匀，盖上盖，用小火焖5分钟。

5 揭盖，拌匀，放入红椒，倒入适量水淀粉，拌匀，盛出装入盘中，放入葱段即可。

鹅肉烧冬瓜

原料

鹅肉......................400克
冬瓜......................300克
姜片........................少许
蒜末........................少许
葱段........................少许

调料

盐..........................2克
鸡粉........................2克
水淀粉................10毫升
料酒....................10毫升
生抽....................10毫升
食用油..................适量

/ 做法 /

1 洗净去皮的冬瓜切成小块。

2 锅中注水烧开，倒入洗净的鹅肉，搅散，汆去血水，捞出，沥干水分，备用。

3 用油起锅，放入姜片、蒜末、葱段，爆香；倒入鹅肉，快速炒匀；淋入料酒、生抽，炒匀提味。

4 加入少许盐、鸡粉，倒入适量清水，炒匀，煮至沸，用小火焖至食材熟软。

5 放入冬瓜块，用小火焖至食材软烂；转大火收汁，倒入适量水淀粉，快速翻炒均匀即可。

萝卜干肉末炒鸡蛋

百搭鸡蛋，平淡却不平庸

原料

萝卜干 120克
鸡蛋 2个
肉末 30克
干辣椒 5克
葱花 .... 少许

调料

盐 2克
鸡粉 2克
生抽 3毫升
水淀粉 .... 适量
食用油 .... 适量

/ 做法 /

1 将鸡蛋打入碗中，加入少许盐、鸡粉、水淀粉，快速搅散，制成蛋液，待用。

2 洗净的萝卜干切成丁。

3 锅中注入适量清水烧开，倒入萝卜丁焯水后捞出待用。

4 用油起锅，倒入蛋液，用中火翻炒一会儿，盛出，装入碗中，待用。

5 锅底留油烧热，放入肉末，炒至松散；淋上适量生抽，炒匀，放入干辣椒，炒香；倒入萝卜丁，炒干水汽，再放入鸡蛋，炒散；加入盐、鸡粉，用中火翻炒至食材入味，盛出装入盘中，点缀上葱花即成。

艾叶炒鸡蛋

味美，营养保健，一举多得

原料

艾叶.....................8克
鸡蛋.....................3个
红椒.....................5克

调料

盐 1克
鸡粉.....................1克
食用油 ....适量

/ 做法 /

1 洗净的艾叶稍稍切碎；洗好的红椒切开去籽，切成丝，改切成丁。

2 鸡蛋打入碗中，加入盐、鸡粉，搅散，制成蛋液。

3 用油起锅，倒入蛋液，稍稍炒拌。

4 放入切好的艾叶、红椒，将食材炒约3分钟至熟即可。

陈皮炒鸡蛋

鸡蛋+陈皮+姜汁，尝尝混搭风味

原料

鸡蛋 3个
水发陈皮 ... 5克
姜汁 ... 100毫升
葱花 .... 少许

调料

盐 3克
水淀粉 ... 适量
食用油 ... 适量

/ 做法 /

1 洗好的陈皮切丝。

2 取一个碗，打入鸡蛋。

3 加入陈皮丝、盐、姜汁，搅散。

4 倒入水淀粉，拌匀，待用。

5 用油起锅，倒入蛋液。

6 炒至鸡蛋成形。

7 撒上葱花，略炒片刻即可。

—— 健康贴士 ——

　　鸡蛋含有蛋白质、卵磷脂、B族维生素、维生素C、钙、铁、磷等营养成分，常食有助于益智健脑、延缓衰老、保护肝脏。

开胃秘诀

　　陈皮需要用水泡开，这样味道更易散发出来。

鸭蛋炒洋葱

鸭蛋炒洋葱，一层层的好滋味

原料

鸭蛋 2个
洋葱 80克

调料

盐 3克
鸡粉 2克
水淀粉 4毫升
食用油 .... 适量

/ 做法 /

1 去皮洗净的洋葱切丝，备用。

2 鸭蛋打入碗中，放入少许鸡粉、盐，倒入水淀粉，用筷子打散调匀。

3 锅中倒入适量食用油烧热，放入切好的洋葱，翻炒至洋葱变软，加入适量盐，炒匀调味。

4 倒入调好的蛋液，快速翻炒至熟即可。

原料

香菇	45克
鸭蛋	2个
肉末	200克
葱花	少许

调料

盐	3克
鸡粉	3克
生抽	4毫升
食用油	适量

香菇肉末蒸鸭蛋

蒸蛋加点肉末，增强了口感，增添了乐趣

/ 做法 /

1 洗好的香菇切成条，改切成粒，备用。

2 取一个干净的碗，将鸭蛋打入碗中，加入少许盐、鸡粉，加入适量温水，搅拌匀，备用。

3 用油起锅，放入肉末，炒至变色；加入香菇粒，炒匀，炒香；放入少许生抽、盐、鸡粉，炒匀调味。

4 把蛋液放入烧开的蒸锅中，用小火蒸至蛋液凝固。

5 揭开锅盖，把香菇肉末放在蛋羹上，再盖上盖，用小火再蒸2分钟至熟；取出蒸好的食材，放入葱花，再浇上少许熟油即可。

虾米干贝蒸蛋羹

咸香鲜滑，这种满足感你懂吗

原料

鸡蛋........120克
水发干贝...40克
虾米.........90克
葱花.........少许

调料

生抽.....5毫升
芝麻油...适量
盐..........适量

/ 做法 /

1 取一个碗，打入鸡蛋，搅散，加入少许盐，注入适量温水，搅匀。

2 将搅好的蛋液倒入蒸碗中。

3 蒸锅上火烧开，放上蛋液。

4 盖上锅盖，中火蒸5分钟至熟。

5 掀开锅盖，在蛋羹上撒上虾米、干贝。

6 盖上盖，续蒸3分钟至入味。

7 掀开锅盖，取出蛋羹，淋上生抽、芝麻油，撒上葱花即可。

健康贴士

虾米含有钾、碘、镁、磷、维生素A、氨茶碱等成分，常食有助于补充钙质、开胃消食、增强免疫力。

开胃秘诀

虾米也可以用水泡发后再烹制，口感会更好。

水产天生鲜美

在各类食材中，水产算得上是最营养的美味！鱼、虾、蟹，单是清蒸就已经足够鲜美，更不用说红烧、盐焗、干煸、酥炸、辣炒……何其美味；海带和紫菜更是随手煮碗汤便能诱人食欲。这里我们就为大家推荐一些以水产为主料的菜品，酸、辣、咸、甜、淡……总有一种适合你。

山楂鱼块

酸滑滋味，叫人如何抵挡

原料

山楂	90克
鱼肉	200克
陈皮	4克
玉竹	30克
姜片	少许
蒜末	少许
葱花	少许

调料

盐	3克
鸡粉	3克
白糖	3克
生粉	10克
生抽	7毫升
老抽	2毫升
水淀粉	4毫升
食用油	适量

/ 做法 /

1 玉竹切小块；陈皮去瓤，切小块；山楂去核，切小块。

2 鱼肉切小块，加盐、生抽、鸡粉、生粉，拌匀腌渍。

3 热锅注油烧热，放入鱼块，炸至金黄色，捞出。

4 锅底留油，下姜片、蒜末、葱花，爆香；放入陈皮、山楂、玉竹，炒匀；倒入适量清水，加生抽、盐、鸡粉、白糖，炒匀调味。

5 淋入老抽，倒入水淀粉勾芡；加入鱼块，翻炒均匀，关火后盛出炒好的食材，装入盘中即可。

酱烧武昌鱼

有酱料，味更足

原料

武昌鱼 650克
红彩椒 30克
姜末 ....少许
蒜末 ....少许
葱花 ....少许

调料

黄豆酱 30克
盐 3克
胡椒粉 2克
白糖 1克
陈醋 5毫升
水淀粉 5毫升
料酒.................10毫升
鸡粉、食用油 ....各适量

/ 做法 /

1 红彩椒去籽，切成丁。

2 武昌鱼两面鱼身划一字花刀，装盘，两面撒上盐，抹匀；撒上胡椒粉，淋入料酒，腌渍10分钟。

3 热锅注油，放入腌好的武昌鱼，煎至两面微黄，盛出。

4 另起锅注油，下姜末、蒜末，爆香；倒入黄豆酱，炒匀；注入适量清水，放入武昌鱼，加盐、白糖、鸡粉、陈醋，拌匀；加盖，小火焖10分钟；盛出待用。

5 往锅中的剩余汤汁里加入红彩椒；缓缓倒入水淀粉，不停搅拌；倒入食用油，边倒边搅匀；放入葱花，拌匀成酱汁；关火后盛出酱汁浇到武昌鱼身上即可。

酱烧啤酒鱼

黄豆酱加啤酒，让鲫鱼变个花样

原料

鲫鱼 300克
啤酒 ...180毫升
姜片 .... 少许
蒜片 .... 少许
葱段 .... 少许

调料

黄豆酱 ...25克
盐 2克
鸡粉 3克
白糖 3克
料酒 ...... 适量
生抽 .... 适量
食用油 ... 适量

/ 做法 /

1 洗净的鲫鱼两面切上刀花。

2 用油起锅，放入鲫鱼，煎约2分钟至两面金黄色。

3 倒入姜片、蒜片、葱段，炒匀；淋入料酒、生抽，炒匀。

4 倒入啤酒，大火煮约1分钟至入味。

5 放入黄豆酱，加入盐，拌匀。

6 加盖，中火焖约10分钟至食材熟软。

7 揭盖，加入白糖、鸡粉，转大火煮约1分钟收汁，关火后盛出菜肴，装入盘中即可。

—— 健康贴士 ——

鲫鱼含有蛋白质、维生素A、B族维生素、维生素E、钙、磷、铁等营养成分，具有益气健脾、清热解毒、利水消肿等作用。这道菜鱼香、酒香、酱香合一，常食可养护脾胃。

开胃秘诀

喜欢酒味浓郁的，可在收汁时再次加入啤酒。

美味生鱼馅饼

鱼香奶香一起来，好吃更好消化

原料

鱼肉末	230克
牛奶	60毫升
姜末	少许
葱花	少许

调料

盐	2克
鸡粉	2克
生粉	12克
芝麻油	适量
胡椒粉	适量
食用油	适量

/ 做法 /

1 取一大碗，放入鱼肉末，加盐、鸡粉、姜末，拌匀。

2 倒入少许牛奶，搅匀；倒入剩余的牛奶，撒上葱花，继续拌匀。

3 撒上少许胡椒粉、生粉，搅至起劲；加芝麻油，搅匀，腌渍10分钟。

4 在盘中和模具上抹上食用油，将鱼肉填入模具，压平、压紧，制成数个鱼饼生坯。

5 煎锅置于火上，加入少许食用油烧热，转小火，放入鱼饼生坯，煎至鱼饼散出香味；将鱼饼翻面，用小火再煎片刻至鱼饼变色即可。

香辣水煮鱼

自己做，要多辣都行

原料

草鱼 850克
绿豆芽 100克
干辣椒 30克
蛋清 10克
花椒 15克
姜片 .... 少许
蒜末 .... 少许
葱段 .... 少许

调料

豆瓣酱 15克
盐 .... 少许
鸡粉 .... 少许
料酒 3毫升
生粉 .... 适量
食用油 .... 适量

/ 做法 /

1　草鱼洗净切开，取鱼骨，切大块；取鱼肉，用斜刀切片，加盐、蛋清，撒上适量生粉，拌匀腌渍。

2　热锅注油烧热，倒入鱼骨，中小火炸约2分钟，捞出。

3　用油起锅，下姜片、蒜末、葱段，爆香；加适量豆瓣酱，炒出香辣味；倒入鱼骨，炒匀。

4　注入适量开水，大火煮片刻；加鸡粉、料酒，倒入绿豆芽，拌匀，煮至断生，捞出装入汤碗中。

5　锅中留汤汁煮沸，放入鱼肉片，煮至断生，连汤汁一起倒入汤碗中；另起锅注油烧热，放入干辣椒、花椒，拌匀，用中小火炸约1分钟，盛入汤碗中即成。

野山椒末蒸秋刀鱼

秋刀鱼清蒸就很香，配点小米椒更妙

原料

秋刀鱼...190克
泡小米椒...45克
红椒圈...15克
蒜末.......少许
葱花.......少许

调料

鸡粉.........2克
生粉.......12克
食用油...适量

/ 做法 /

1 秋刀鱼洗净，两面切上花刀，待用。

2 泡小米椒切碎，剁成末，放入碗中，加蒜末、鸡粉、生粉，注入适量食用油，拌匀，制成味汁。

3 取一个蒸盘，摆上秋刀鱼，放入备好的味汁，铺匀，撒上红椒圈。

4 蒸锅上火烧开，放入蒸盘。

5 盖上盖，用大火蒸约8分钟，至食材熟透。

6 关火后揭开盖子，取出蒸好的秋刀鱼。

7 趁热撒上葱花，淋上少许热油即成。

健康贴士

秋刀鱼含有丰富的蛋白质、脂肪酸，而且脂肪酸多以不饱和脂肪酸为主。糖尿病患者食用秋刀鱼，有抑制血压升高、帮助分解糖类物质等作用。

开胃秘诀

秋刀鱼用柠檬汁腌渍一下，可以减轻辛辣的味道。

果汁生鱼卷

鱼肉『内涵』丰富，还有丝丝果香

原料

生鱼肉	180克
橙汁	40毫升
紫甘蓝	35克
火腿	45克
胡萝卜	40克
水发香菇	30克

调料

盐	3克
鸡粉	2克
白糖	4克
生粉	适量
水淀粉	适量
食用油	适量

/ 做法 /

1. 胡萝卜切丝；火腿切丝；香菇切丝。

2. 生鱼肉去骨，取鱼肉用斜刀切成片，加盐、鸡粉、生粉，拌匀腌渍；胡萝卜、香菇、紫甘蓝焯水，捞出待用。

3. 把生鱼片铺开，逐一放上火腿丝、胡萝卜丝、香菇丝，卷起、包好，制成生鱼卷生坯。

4. 热锅注油，烧至五成热，放入生鱼卷生坯，炸至熟透后捞出，沥干油。

5. 用油起锅，注水，加白糖、橙汁，搅匀溶化；倒入水淀粉勾芡；放入生鱼卷，快速翻炒；取一个干净的盘子，摆上紫甘蓝围边，盛入锅中的食材即成。

香辣砂锅鱼

热腾腾的麻辣味，一吃你就忘不了

原料

草鱼肉块 300克
黄瓜 60克
红椒 15克
泡小米椒 10克
花椒 .... 少许
姜片 .... 少许
葱段 .... 少许
蒜末、香菜末 .... 各少许

调料

盐 2克
鸡粉 3克
生抽 8毫升
老抽 1毫升
豆瓣酱 6克
生粉 .... 适量
食用油 .... 适量

/ 做法 /

1 泡小米椒切碎；红椒、黄瓜切丁；草鱼块加生抽、盐、鸡粉、生粉，拌匀腌渍，炸至金黄色，捞出待用。

2 锅底留油烧热，下葱段、姜片、蒜末、花椒，爆香；倒入黄瓜、红椒、泡小米椒炒香；加入豆瓣酱，炒匀。

3 注入适量清水，加生抽、老抽、鸡粉、盐，炒匀。

4 倒入草鱼块，拌匀，用大火煮至鱼肉入味；倒入少许水淀粉略煮。

5 关火后盛出锅中的材料，装入砂锅中，盖上盖，置于火上煲煮至沸，揭盖，点缀上香菜即可。

腊鱼烧五花肉

不求鱼与熊掌，腊肉配鱼岂不更妙

原料

腊鱼...... 200克
五花肉...300克
豆角........30克
青椒........30克
红椒.......20克
八角........2个
桂皮........1片
花椒......10克
干辣椒.....2个
姜片......少许
葱段......少许
蒜末......少许

调料

辣椒酱...10克
白糖.........2克
鸡粉.........3克
料酒......适量
生抽......适量
食用油...适量

/ 做法 /

1 红椒、青椒分别去籽，切块；豆角切小段；五花肉切片。

2 腊鱼焯水，捞出，沥干待用。

3 用油起锅，倒入五花肉，炒至转色；放入八角、桂皮、花椒，炒匀。

4 加入姜片、蒜末、干辣椒，炒香；淋入料酒、生抽，炒匀。

5 倒入腊鱼，加水，豆角拌匀，焖熟。

6 倒入辣椒酱、青椒、红椒、白糖、鸡粉，炒匀。

7 倒入葱段炒匀，挑拣出八角、桂皮、花椒，盛入盘中即可。

健康贴士

五花肉具有增强免疫力、健脾开胃、生津益血等作用。这道菜咸香可口，五花肉的油脂渗透到腊鱼中，令人胃口大增。

开胃秘诀

将腊鱼汆煮片刻，可以减轻其咸味和腥味。

五香烧带鱼

带鱼就要五香味，不腥不腻吃不够

原料

带鱼肉 300克
八角 ....少许
桂皮 ....少许
姜片 ....少许
葱段 ....少许

调料

盐 2克
生抽 2毫升
老抽 2毫升
料酒 3毫升
生粉 ....适量
食用油 ....适量

/ 做法 /

1 带鱼肉两面切网格花刀，再切成大块装盘，撒上适量生粉，待用。

2 用油起锅，放入带鱼块，煎至断生，去除多余油分。

3 放入姜片、葱段、八角、桂皮，炒香；注入适量清水，用中火煮至沸。

4 加入少许盐、生抽、老抽、料酒，拌匀调味；盖上盖，用小火煮5分钟。

5 揭盖，拣出八角、桂皮、姜片、葱段；关火后盛出菜肴，摆入盘中即可。

酥炸带鱼

外酥里嫩口口香

原料

带鱼...................300克
鸡蛋.................. 45克
花椒...................少许
葱花...................少许

调料

生粉...................10克
生抽.................8毫升
盐 2克
鸡粉................... 2克
料酒.................5毫升
辣椒油.............7毫升
食用油...............适量

/ 做法 /

1. 带鱼装入碗中，加生抽、盐、鸡粉，拌匀；倒入蛋黄液，搅匀；撒上生粉，拌匀，腌渍10分钟。

2. 热锅注油，烧至四成热，倒入腌好的带鱼，搅散，炸至金黄色，捞出，沥干油，备用。

3. 锅底留油，倒入花椒，用大火爆香。

4. 放入炸好的带鱼，淋入适量料酒、生抽、辣椒油，加入少许盐，炒匀调味。

5. 撒上葱花，快速翻炒出葱香味；关火后将炒好的带鱼盛出，装入盘中即可。

生爆甲鱼

滋补大菜轻松做

原料

甲鱼肉块	500克
蒜苗	20克
水发香菇	50克
香菜	10克
姜片	少许
蒜末	少许
葱段	少许
辣椒面	少许

调料

盐	2克
鸡粉	2克
白糖	2克
老抽	1毫升
生抽	4毫升
料酒	7毫升
食用油	适量
水淀粉	适量

/ 做法 /

1. 蒜苗梗切段；蒜苗叶切长段；香菜切段；香菇切小块。

2. 甲鱼肉块汆去血渍，捞出，沥干待用。

3. 用油起锅，倒入姜片、蒜末、葱段，爆香；放入香菇块，翻炒均匀；倒入甲鱼肉，炒匀。

4. 加生抽、料酒，炒匀提味；撒上辣椒面，炒香；注水，加盐、鸡粉、白糖、老抽，炒匀，略煮一会儿。

5. 倒入水淀粉勾芡；放入蒜苗，炒至断生；关火后盛出炒好的菜肴，装入盘中，点缀上香菜即可。

原料

螃蟹 600克
干辣椒 5克
葱段 .... 少许
姜片 .... 少许

调料

黄豆酱 15克
料酒 8毫升
白糖 2克
盐 .... 适量
食用油 .... 适量

百吃不厌的美味

美味酱爆蟹

/ 做法 /

1 处理干净的螃蟹剥开壳，去除蟹鳃，切成块。
2 热锅注油烧热，倒入姜片、黄豆酱、干辣椒，爆香。
3 倒入螃蟹翻炒，淋入料酒，炒匀去腥。
4 加入少许清水，倒入盐，快速炒匀，焖3分钟。
5 倒入葱段、白糖，持续翻炒片刻，将炒好的螃蟹盛出装入盘中即可。

干烧鳝段

鳝鱼鲜美泡椒香

原料

鳝鱼肉 120克
水芹菜 20克
蒜薹 50克
泡红椒 20克
姜片 .... 少许
葱段 .... 少许
蒜末 .... 少许
花椒 .... 少许

调料

生抽 5毫升
料酒 5毫升
水淀粉 .... 适量
豆瓣酱 .... 适量
食用油 .... 适量

/ 做法 /

1 蒜薹、水芹菜切段；鳝鱼切花刀，再用斜刀切段。

2 锅中注水烧开，倒入鳝鱼段，汆煮至变色，捞出。

3 用油起锅，下姜片、葱段、蒜末、花椒，爆香；放入
鳝鱼段、泡红椒，炒匀。

4 加生抽、料酒、豆瓣酱，炒匀炒香。

5 倒入切好的水芹菜、蒜薹，炒至断生；倒入适量水淀
粉勾芡；关火后盛出炒好的菜肴即可。

生蒸鳝鱼段

鳝鱼蒸着吃，好鲜美

原料

鳝鱼.....................300克
红椒.....................35克
姜片.....................少许
蒜末.....................少许
葱花.....................少许

调料

盐.....................2克
料酒.....................3毫升
鸡粉.....................2克
生粉.....................6克
胡椒粉.....................适量
生抽.....................适量
食用油.....................适量

/ 做法 /

1. 红椒去籽，切成粒。
2. 鳝鱼去头，切成段，装入碗中，放入蒜末、姜片、红椒粒，加入盐、料酒、鸡粉、胡椒粉、生抽、生粉、食用油、拌匀，腌渍15分钟。
3. 把鳝鱼段装入盘中，放入烧开的蒸锅中。
4. 盖上盖，用中火蒸10分钟至熟。
5. 揭盖，把蒸好的鳝鱼取出，浇上少许热油，撒上少许葱花即可。

❶

❷

❸

❹

❺

酱炖泥鳅鱼

蒜香加酱香，口口都留香

原料

净泥鳅...350克
干辣椒.....8克
啤酒...160毫升
姜片.......少许
葱段.......少许
蒜片.......少许

调料

盐............2克
黄豆酱...20克
辣椒酱...12克
水淀粉...适量
芝麻油...适量
食用油...适量

做法

1 用油起锅，倒入处理干净的泥鳅，煎出香味。

2 至泥鳅断生后盛出装盘，待用。

3 锅留底油烧热，撒上姜片、葱白，倒入蒜片，爆香。

4 放入备好的干辣椒，炒出香味；放入黄豆酱、辣椒酱，炒出香辣味。

5 注入啤酒，倒入泥鳅，加盐，炒匀。

6 转小火煮约15分钟，至食材入味。

7 揭盖，倒入葱叶，用水淀粉勾芡；滴入少许芝麻油，炒匀，至汤汁收浓，关火后盛入盘中即可。

健康贴士

泥鳅含有维生素A、维生素B$_1$、维生素B$_2$、钙、磷、铁等营养成分，具有补中益气、养肾生精等作用。这道菜酱香十足，还透着淡淡的啤酒香，可滋补身体，改善食欲。

开胃秘诀

煎泥鳅时，食用油可以多放一些，以免煎煳。

炒花蟹

花蟹配生姜，美味不伤胃

原料

花蟹........2只
姜片.......少许
蒜片.......少许
葱段.......少许

调料

盐............2克
白糖.........2克
料酒.....4毫升
生抽.....3毫升
水淀粉.....5毫升
食用油.....适量

/ 做法 /

1 用油起锅，放入切好的姜片、蒜片和葱段，爆香。

2 倒入处理干净的花蟹，略炒。

3 加入料酒、生抽、炒匀，炒香。

4 倒入适量清水，放入盐、白糖，炒匀。

5 盖上盖，大火焖2分钟。

6 揭盖，放入水淀粉，勾芡。

7 关火后把炒好的花蟹盛出装盘即可。

❼

——— 健康贴士 ———

　　花蟹具有养筋益气、理胃消食等作用。花蟹性寒，而生姜性温，花蟹搭配生姜，可以减轻花蟹的腥味，还能中和花蟹的寒性，起到开胃健脾的效果。

开胃秘诀

　　要先将花蟹清洗干净，尤其是腮部应当除净。

干煸濑尿虾

营养又美味，吃了还想吃

原料

濑尿虾 350克
芹菜 10克
花椒 10克
干辣椒 5克
姜片 .... 少许
葱段 .... 少许

调料

盐 2克
白糖 2克
鸡粉 3克
料酒 .... 适量
食用油 .... 适量

/ 做法 /

1 热锅注油，烧至七成热，倒入处理好的虾，炸至焦黄色，捞出，装盘备用。

2 用油起锅，倒入姜片、花椒、干辣椒，炒匀。

3 放入炸好的虾，炒匀。

4 加入葱段、芹菜，翻炒约1分钟至熟。

5 放入白糖、盐、鸡粉、料酒，翻炒约2分钟使其入味；关火，将炒好的虾盛出，装入盘中即可。

味道美极了

美极什锦虾

原料

基围虾	400克
口蘑	10克
香菇	10克
青椒	10克
洋葱	15克
红彩椒	15克
黄彩椒	20克

调料

盐	2克
鸡粉	3克
白胡椒粉	5克
料酒	5毫升
酱油	10毫升
食用油	适量

/ 做法 /

1. 基围虾去头，沿背部切一刀；红彩椒、黄彩椒、青椒、洋葱、香菇、口蘑切丁。

2. 取一碗，倒入酱油、盐、鸡粉、料酒、白胡椒粉、清水，拌匀成调味汁。

3. 热锅注油烧热，放入基围虾，炸至转色。

4. 取一盘，捞出食材备用。

5. 用用油起锅，放入洋葱，爆香；倒入香菇、口蘑，炒匀；放入青椒、红彩椒、黄彩椒炒熟；放入基围虾，炒匀；倒入调味汁，炒入味；盛入盘中即可。

酱爆虾仁

鲜嫩虾仁吃法多，酱爆最够味

原料

虾仁.....200克
青椒......20克
姜片.......少许
葱段.......少许

调料

蚝油.......20克
海鲜酱...25克
盐...........2克
白糖.......少许
胡椒粉...少许
料酒.....3毫升
水淀粉...适量
食用油...适量

/ 做法 /

1 青椒去籽，再切片。

2 虾仁装碗中，加入少许盐，撒上适量胡椒粉，拌匀，腌渍约15分钟。

3 用油起锅，撒上姜片，爆香。

4 倒入腌渍好的虾仁，炒至淡红色。

5 放入青椒片，倒入备好的蚝油、海鲜酱，炒匀。

6 加入少许白糖、料酒，炒匀。

7 倒入葱段，再用水淀粉勾芡；关火后盛出炒好的菜肴，装入盘中即可。

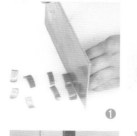

健康贴士

虾仁含有蛋白质、维生素A、氨茶碱、钾、碘、镁、磷等营养成分，具有补肾壮阳、健胃、润肤、健脑等作用。这道菜味道鲜香、口感弹嫩，非常适合儿童和爱美的女性食用。

开胃秘诀

腌渍虾仁时可淋入适量水淀粉，能使其口感更鲜嫩。

酱烧八爪鱼

调料搭配好，味道自然好

原料

八爪鱼	650克
黄彩椒	30克
红彩椒	40克
韭菜花	80克
姜片	少许
蒜片	少许

调料

XO酱	40克
豆瓣酱	30克
盐	1克
鸡粉	1克
水淀粉	5毫升
料酒	5毫升
芝麻油	5毫升
食用油	适量

/ 做法 /

1. 韭菜花切段；黄彩椒、红彩椒切条；八爪鱼切小块。
2. 热水锅中倒入八爪鱼，氽煮片刻，捞出，沥干待用。
3. 另起锅注油，下姜片、蒜片，爆香；倒入八爪鱼、韭菜花，炒匀；加入豆瓣酱、XO酱，翻炒至六分熟。
4. 加入料酒，倒入红彩椒、黄彩椒，炒匀；注入少许清水，加盐、鸡粉，炒至食材入味。
5. 加入水淀粉勾芡，淋入芝麻油，翻炒匀；关火后盛出炒好的菜肴，装盘即可。

海参炒时蔬

时尚吃法更营养

原料

西芹	20克
胡萝卜	150克
水发海参	100克
百合	80克
姜片	少许
葱段	少许

调料

盐	3克
鸡粉	2克
水淀粉	适量
料酒	适量
蚝油	适量
芝麻油	适量
高汤	适量
食用油	适量

做法

1 西芹切小段；胡萝卜切小块。

2 锅中注水烧开，倒入胡萝卜、西芹、百合，焯煮至断生，捞出，装盘备用。

3 用油起锅，下姜片、葱段，倒入海参，注入适量高汤，加盐、鸡粉、蚝油，淋入料酒，拌匀，略煮片刻。

4 倒入西芹、胡萝卜，炒匀。

5 倒入适量水淀粉勾芡；淋入芝麻油，炒匀;关火后盛出炒好的菜肴，装入盘中即可。

酱爆鱿鱼圈

鱿鱼吃法多，圈圈惹人爱

原料

鱿鱼......250克
红椒.......25克
青椒.......35克
洋葱.......45克
蒜末.......10克
姜末.......10克

调料

豆瓣酱...30克
料酒.....5毫升
鸡粉.........2克
食用油...适量

做法

1 洋葱切丝；红椒、青椒去籽，切丝。

2 处理干净的鱿鱼切成圈。

3 锅中注水烧开，倒入鱿鱼圈，余煮片刻，捞出放入凉水晾凉，捞出待用。

4 热锅注油烧热，倒入豆瓣酱、姜末、蒜末，翻炒爆香。

5 倒入备好的鱿鱼圈，淋入少许料酒，翻炒去腥。

6 倒入洋葱，注入适量的清水。

7 倒入青椒、红椒，加入少许鸡粉，翻炒匀;关火后将炒好的鱿鱼圈盛出，装入盘中即可。

健康贴士

　　鱿鱼的牛磺酸含量较高，可有效抑制血液中的胆固醇升高，并具有保护视力、促进大脑发育、调节内分泌等作用。这道菜酱香浓郁，可以增进食欲，补充脑力，适合都市上班族食用。

开胃秘诀

　　给鱿鱼圈过水的时间不宜过久，以免煮得太老。

节瓜炒花甲

海鲜当当需鲜蔬配

原料

花甲	550克
节瓜	120克
海米	45克
姜片	少许
葱段	少许
红椒圈	少许

调料

盐	2克
鸡粉	少许
蚝油	7克
生抽	4毫升
料酒	3毫升
水淀粉	适量
食用油	适量

/ 做法 /

1 花甲洗净备用；节瓜去瓤，再切粗条。

2 锅中注水烧热，倒入花甲，中火煮至花甲壳裂开，捞出，沥干待用。

3 用油起锅，下姜片、葱段、红椒圈，爆香；倒入海米，炒香；放入节瓜，炒透。

4 倒入花甲，炒匀；淋入少许料酒，大火快炒至断生。

5 加盐、鸡粉、蚝油、生抽、水淀粉，炒至食材入味；关火后盛出炒好的菜肴，装在盘中即可。

原料

青椒	40克
红椒	55克
水发响螺肉	150克
姜片	少许
蒜末	少许
葱段	少许

调料

盐	2克
鸡粉	2克
生抽	4毫升
料酒	5毫升
水淀粉	适量
食用油	适量

辣椒炒螺片

最简单、最入味的吃法

/ 做法 /

1 响螺肉用斜刀切片；青椒去籽，切菱形片；红椒去籽，用斜刀切片。

2 锅中注水烧开，倒入螺肉片，淋入料酒，余去腥味，捞出，沥干待用。

3 用油起锅，下姜片、蒜末、葱段，爆香；放入青椒片、红椒片，用大火略炒。

4 倒入螺肉片，炒匀，转小火，淋入料酒、生抽，加鸡粉、盐，炒匀。

5 倒入适量水淀粉勾芡；关火后盛出炒好的菜肴，装入盘中即成。

①

辣酒焖花螺

香辣可口滋味足，驱寒健身功效全

原料

花雕酒	800毫升
花螺	500克
青椒圈	5克
红椒圈	5克
干辣椒	少许
花椒	少许
香叶	少许
草果	少许
八角	少许
沙姜	少许
姜片	少许
葱段	少许
蒜末	少许

调料

鸡粉	2克
蚝油	3克
料酒	4毫升
胡椒粉	2克
豆瓣酱	10克
食用油	适量

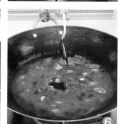

做法

1 锅中注水烧开，倒入花螺，淋入料酒，汆去腥味，捞出，沥干备用。

2 热锅注油，下姜片、蒜末、葱段爆香。

3 倒入各种香料，放入豆瓣酱，炒香。

4 放入青椒圈、红椒圈，快速翻炒。

5 倒入花雕酒，放入花螺，拌匀。

6 加鸡粉、蚝油、胡椒粉，搅匀调味。

7 盖上盖，用大火焖20分钟至食材入味，关火后拣出香料，盛入碗中即可。

健康贴士

花螺含有蛋白质、维生素、钙、铁等营养成分，可滋阴养虚，对目赤、黄疸、痔疮有一定的食疗作用。花雕酒可祛除寒气、增进食欲。这道菜不仅别具风味，而且滋补作用也很强。

开胃秘诀

花螺焖煮的时间较长，因此汆水时间不宜太长。

蒜蓉蒸蛏子

清香美蛏子，蒜蓉最合拍

原料

蛏子	250克
水发粉丝	20克
红椒粒	少许
蒜蓉	少许
葱花	少许

调料

盐	3克
生抽	6毫升
蚝油	4克
鸡粉	2克
芝麻油	5毫升

做法

1 取一碗，倒入粉丝、蒜蓉、红椒粒，加盐、生抽、蚝油、鸡粉、芝麻油，拌匀。

2 将处理干净的蛏子放入盘中，放入拌好的粉丝。

3 再撒上备好的葱花、红椒粒，待用。

4 蒸锅上火烧开，放入蛏子。

5 盖上锅盖，用大火蒸10分钟至食材熟透；揭开锅盖，取出蒸好的蛏子即可。

蒜泥海带丝

海带丝上撒芝麻，清爽又香脆

原料

水发海带丝	240克
胡萝卜	45克
熟白芝麻	少许
蒜末	少许

调料

盐	2克
生抽	4毫升
陈醋	6毫升
蚝油	12克

/ 做法 /

1 胡萝卜切细丝，备用。

2 锅中注水烧开，放入海带丝，搅散，煮至断生后捞出，待用。

3 取一个大碗，放入焯好的海带丝，撒上备好的胡萝卜丝、蒜末。

4 加入少许盐、生抽，放入适量蚝油，淋上少许陈醋。

5 搅拌均匀，至食材入味；另取一个盘子，盛入拌好的菜肴，撒上熟白芝麻即成。

菌菇浓淡两相宜

菌菇不仅包括我们熟悉的各种菇类，如香菇、草菇、杏鲍菇、金针菇等，还包括木耳、银耳等食用菌类。这些菌菇类由于生长环境特殊，因而都具有特殊的风味与独特的保健食疗功效，食用价值和营养价值很高，因此有「素中之肉」的美誉。本章为您介绍的一些菌菇类菜肴，好吃又好做，浓淡滋味任您选择！

草菇扒芥菜

美容保健，草菇芥菜强强联手

原料

芥菜.....300克
草菇.....200克
胡萝卜片...30克
蒜片.......少许

调料

盐...........2克
鸡粉........1克
生抽.....5毫升
水淀粉...适量
芝麻油...适量
食用油...适量

做法

1 草菇切十字花刀，第二刀切开；芥菜去叶，留梗切块。

2 草菇入沸水锅焯煮至断生，捞出装盘。

3 锅中倒入芥菜，加盐、食用油，余煮至断生，捞出。

4 另起锅注油，下蒜片爆香；放入胡萝卜片，炒香；加生抽，炒匀。

5 注入少许清水，倒入草菇，炒匀；加盐、鸡粉，炒匀。

6 加盖，中火焖5分钟至入味。

7 加入适量水淀粉，淋入芝麻油，炒匀；关火后盛出菜肴，放在芥菜上即可。

健康贴士

草菇含有维生素C、多种氨基酸、磷、钾、钙等营养物质，具有清热解暑、补益气血、降压等功效。

开胃秘诀

生抽本身有咸味和鲜味，可少放盐和鸡粉。

酱炒平菇肉丝

平菇肉丝加点酱，想不开胃都难

原料

平菇	270克
瘦肉	160克
姜片	少许
葱段	少许

调料

黄豆酱	12克
豆瓣酱	15克
盐	2克
鸡粉	3克
水淀粉	适量
料酒	适量
食用油	适量

/ 做法 /

1. 瘦肉切丝，放入碗中，加料酒、盐、水淀粉、食用油，拌匀，腌渍10分钟。
2. 锅中注水烧开，倒入平菇，煮至断生，捞出待用。
3. 用油起锅，倒入瘦肉丝，炒至转色；放入姜片、葱段，炒香。
4. 加入豆瓣酱、黄豆酱，炒匀；放入平菇，炒匀。
5. 加盐、鸡粉，炒匀；倒入水淀粉勾芡；关火后将炒好的菜肴盛出，装入盘中即可。

金针菇炒肚丝

清爽搭配，好吃还不贵

原料

猪肚 150克
金针菇 100克
红椒 20克
香叶 .... 少许
八角 .... 少许
姜片 .... 少许
蒜末 .... 少许
葱段 .... 少许

调料

盐 4克
鸡粉 2克
料酒 6毫升
生抽 10毫升
水淀粉 .... 适量
食用油 .... 适量

/ 做法 /

1 锅中注水烧开，倒入香叶、八角、猪肚、盐、料酒、生抽，搅匀，煮沸后用小火煮约30分钟，捞出待用。

2 金针菇切去根部；红椒去籽切丝；放凉的猪肚切粗丝。

3 用油起锅，下姜片、蒜末、葱段，爆香；放入金针菇，炒匀。

4 倒入猪肚，撒上红椒丝，快速翻炒至食材熟软；转小火，加入盐、鸡粉，淋上生抽，翻炒入味。

5 倒入适量水淀粉勾芡；关火后盛出炒好的菜肴即成。

鸡丝炒百合金针菇

当嫩滑鸡肉遇上鲜美菌菇

原料

鸡胸肉	150克
鲜百合	20克
金针菇	100克
红椒丝	20克
葱段	少许
姜片	少许

调料

盐	3克
鸡粉	3克
生粉	2克
水淀粉	适量
料酒	适量
食用油	适量

/ 做法 /

1 鸡胸肉切丝，装入碗中，加盐、鸡粉、生粉、食用油，拌匀，腌渍10分钟。

2 用油起锅，倒入鸡肉，炒至变色；放入姜片、葱段、红椒丝，炒匀。

3 倒入金针菇，炒匀；加入料酒、盐、鸡粉，炒匀。

4 倒入适量水淀粉勾芡。

5 放入洗净的百合，炒至熟；关火后盛出炒好的菜肴，装入盘中即可。

酱爆牛肉金针菇

一浓一淡开胃口，一荤一素添营养

原料

金针菇	180克
牛肉	280克
洋葱	70克
姜丝	少许

调料

豆瓣酱	30克
白胡椒粉	2克
盐	3克
料酒	10毫升
白糖、鸡粉	各2克
水淀粉	8毫升
芝麻油	3毫升
生抽	4毫升
食用油	适量

做法

1 洋葱切成片；金针菇切去根部。

2 牛肉切丝，装入碗中，加盐、料酒、白胡椒粉、水淀粉、食用油，腌渍10分钟。

3 锅中注水烧开，倒入金针菇，汆煮去杂质，捞出沥干；倒入牛肉，汆煮去血末，捞出沥干。

4 热锅注油烧热，下姜丝爆香，倒入豆瓣酱、牛肉，炒匀；倒入洋葱，炒匀。

5 淋入料酒、生抽，注入适量清水，加盐、鸡粉、白糖，炒匀调味；倒入水淀粉勾芡；淋上芝麻油，炒匀，盛出装在金针菇上即可。

酱爆茶树菇

别犹豫，茶树菇这样吃最开胃

原料

茶树菇...400克
瘦肉.....100克
青椒.......30克
红椒.......30克
胡萝卜...50克

调料

豆瓣酱...30克
盐..........2克
鸡粉........3克
料酒.....5毫升
生抽.....5毫升
水淀粉...适量
食用油...适量

/ 做法 /

1 瘦肉切丝；胡萝卜切丝；青椒、红椒去籽，切丝。

2 取一碗，放入瘦肉，加盐、料酒、水淀粉，拌匀，腌渍片刻。

3 锅中注水烧开，倒入茶树菇，焯煮片刻，捞出，沥干备用。

4 用油起锅，倒入瘦肉，炒至转色；倒入豆瓣酱，炒匀。

5 放胡萝卜、青椒、红椒、茶树菇炒匀。

6 加入生抽、鸡粉，炒匀。

7 注入适量清水，翻炒至食材熟软；关火后盛出炒好的菜肴，装入盘中即可。

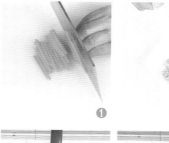

健康贴士

茶树菇含有蛋白质、碳水化合物、膳食纤维、维生素E及钾、钠、磷等营养成分，具有增强免疫力、降低胆固醇、延缓衰老等作用。这道菜开胃下饭，适合各类人群食用。

开胃秘诀

干茶树菇必须提前用清水浸泡，然后仔细洗净其杂质。

茶树菇核桃仁小炒肉

茶树菇配核桃，强身又补脑

原料

水发茶树菇	70克
猪瘦肉	120克
彩椒	50克
核桃仁	30克
姜片	少许
蒜末	少许

调料

盐	2克
鸡粉	2克
生抽	4毫升
料酒	5毫升
芝麻油	2毫升
水淀粉	7毫升
食用油	适量

/ 做法 /

1. 茶树菇切去老茎；彩椒切条。
2. 猪瘦肉切条，加料酒、盐、鸡粉、生抽、水淀粉、芝麻油，腌渍10分钟。
3. 茶树菇、彩椒焯水，捞出，沥干备用。
4. 热锅注油，烧至三成热，放入核桃仁，炸出香味，捞出，沥干油，待用。
5. 锅底留油，倒入肉片，炒至变色；放入姜片、蒜末，炒匀；加入茶树菇、彩椒，炒匀；加生抽、盐、鸡粉，炒匀调味；淋入水淀粉勾芡，盛入盘中，放上核桃仁即可。

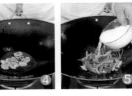

野山椒杏鲍菇

鲜菇清香宜凉拌，加野山椒味更好

原料

杏鲍菇 120克
野山椒 30克
尖椒 2个
葱丝 .... 少许

调料

盐 2克
白糖 2克
鸡粉 3克
陈醋 .... 适量
食用油 .... 适量
料酒 .... 适量

/ 做法 /

1 杏鲍菇切片；尖椒切小圈；野山椒剁碎。

2 锅中注水烧开，倒入杏鲍菇，淋入料酒，焯煮片刻，盛出，放入凉水中冷却。

3 倒出清水，加入野山椒、尖椒、葱丝、盐、鸡粉、陈醋、白糖、食用油，拌匀。

4 用保鲜膜密封好，放入冰箱冷藏4小时。

5 从冰箱中取出冷藏好的杏鲍菇，撕去保鲜膜，将杏鲍菇倒入盘中，放上少许葱丝即可。

杏鲍菇炒腊肉

风味独特营养好，一吃就知道

原料

腊肉......150克
杏鲍菇...120克
红椒.......35克
蒜苗段 ...40克
姜片.......少许
蒜片.......少许

调料

盐 ....少许
鸡粉.......少许
生抽.....3毫升
水淀粉 ...适量
食用油 ...适量

/ 做法 /

1. 杏鲍菇切菱形片；红椒去籽，切菱形片；腊肉切片。
2. 锅中注水烧开，倒入杏鲍菇，焯煮后捞出，待用。
3. 沸水锅中倒入肉片，余煮一会儿去除多余盐分，捞出，待用。
4. 用油起锅，下姜片、蒜片、爆香；倒入腊肉片，炒干水分。
5. 淋入生抽，倒入红椒片，放入杏鲍菇，炒匀炒香。
6. 加盐、鸡粉，注入适量清水，炒匀，大火略煮。
7. 加水淀粉勾芡；倒入蒜苗段，翻炒至食材熟透，盛入盘中即可。

—————— 健康贴士 ——————

　　杏鲍菇肉质肥嫩，含有蛋白质、B族维生素、维生素E及钙、镁、铜、锌、硒等营养元素，具有抗病毒、降血糖、增强人体免疫力等作用，与腊肉一起炒制滋味香浓，营养丰富。

开胃秘诀

　　杏鲍菇最好切得薄一些，这样更易熟透。

手撕杏鲍菇

杏鲍菇没吃过手撕的？

原料

杏鲍菇 200克
青椒 15克
红椒 15克
蒜末 ....少许

调料

生抽 5毫升
陈醋 5毫升
白糖 2克
盐 2克
香油 ....少许

/ 做法 /

1 杏鲍菇切成大的长条；青椒、红椒去籽，切成末。

2 蒸锅上火烧开，放入杏鲍菇，盖上锅盖，大火蒸10分钟至熟，取出放凉。

3 取一个碗，倒入蒜末、青椒、红椒，拌匀；加入生抽、白糖、陈醋、盐、香油，搅匀调成味汁。

4 将放凉的杏鲍菇撕成细条。

5 取一个碗，放入杏鲍菇，浇上调好的味汁即可。

原料

白灵菇	230克
黄瓜	90克
胡萝卜	30克
姜片	少许
蒜末	少许
葱段	少许

调料

盐	2克
鸡粉	2克
白糖	3克
料酒	5毫升
生抽	2毫升
水淀粉	适量
食用油	适量

红烧白灵菇

营养风味堪比肉

/ 做法 /

1 白灵菇切厚片；黄瓜切片；胡萝卜切片。

2 热锅注油，烧至五成热，倒入白灵菇片，炸至金黄色，捞出，装盘待用。

3 锅底留油，下姜片、蒜末，爆香；放入黄瓜片、胡萝卜片、白灵菇片，炒匀。

4 加料酒、生抽，炒匀；注入适量清水，加入盐、白糖、鸡粉，炒匀。

5 加入水淀粉勾芡；倒入葱段，翻炒至熟；关火后盛出炒好的菜肴，装入盘中即可。

❶

鱼香白灵菇

酸甜适口的美味鲜菇

原料

白灵菇...210克
瘦肉.....200克
胡萝卜...110克
水发木耳...90克
姜末......少许
蒜末......少许
葱段......少许

调料

豆瓣酱......30克
盐..............2克
白糖............2克
鸡粉............2克
料酒........5毫升
生抽........5毫升
陈醋........5毫升
白胡椒粉...适量
水淀粉......适量
食用油......适量

做法

1 胡萝卜、木耳、瘦肉、白灵菇切丝。

2 取一碗，放入瘦肉丝，加盐、料酒、白胡椒粉、水淀粉、食用油，拌匀腌渍。

3 热锅注油，烧至五成热，倒入白灵菇丝，炸至金黄色，捞出，待用。

4 用油起锅，倒入瘦肉丝，炒匀；加蒜末、姜末，爆香；放入豆瓣酱，炒匀。

5 倒入胡萝卜丝、木耳丝，炒匀；放入白灵菇丝，翻炒至熟。

6 加入料酒、生抽、盐、白糖、鸡粉、陈醋，炒匀。

7 倒入葱段，注入适量清水，翻炒至入味，盛入盘中即可。

健康贴士

　　白灵菇含有蛋白质、B族维生素、膳食纤维、铁、钾等营养成分，具有增强免疫力、保护肝脏、降血压等作用。这道菜酸甜适口，营养搭配合理，适合各类人群食用。

开胃秘诀

　　焯煮白灵菇时一定要煮熟透，不然会导致口感偏生。

红油拌秀珍菇

菇如其名甚清秀，滋味清爽除烦热

原料

秀珍菇 300克
葱花 .... 少许
蒜末 .... 少许

调料

盐 2克
鸡粉 2克
白糖 2克
生抽 5毫升
陈醋 5毫升
辣椒油 5毫升

/ 做法 /

1 锅中注入适量清水，用大火烧开，倒入秀珍菇，焯煮片刻至断生。

2 关火后捞出焯煮好的秀珍菇，沥干水分，装入盘中备用。

3 取一碗，倒入秀珍菇、蒜末、葱花。

4 加入盐、鸡粉、白糖、生抽、陈醋、辣椒油。

5 用筷子搅拌均匀，装入备好的盘中即可。

双菇争艳

营养难分高下，那就一起尝

原料

杏鲍菇 180克
鲜香菇 100克
去皮胡萝卜 80克
黄瓜 70克
蒜末 ....少许
姜片 ....少许

调料

盐 2克
水淀粉 5毫升
食用油 ....少许

做法

1 黄瓜切薄片；胡萝卜切薄片；香菇切片；杏鲍菇切薄片。

2 沸水锅中倒入杏鲍菇、胡萝卜、香菇，汆煮至断生，捞出待用。

3 用油起锅，下姜片、蒜末，爆香；倒入汆煮好的食材，加入黄瓜，炒至熟。

4 加入少许盐，炒匀，淋入适量水淀粉，炒至食材入味，关火后盛出菜肴，装盘即成。

鲜菇烩湘莲

选料不俗，滋味自然不俗

原料

草菇..........100克
西蓝花......150克
胡萝卜........50克
水发莲子...150克
姜片..........少许
葱段..........少许

调料

料酒...13毫升
盐............4克
鸡粉.........4克
生抽.....4毫升
蚝油.......10克
水淀粉...5毫升
食用油...适量

/ 做法 /

1　西蓝花切小朵；草菇切去根部，切上十字花刀；胡萝卜切花刀，改切成片。

2　锅中注水烧开，加少许食用油、盐、鸡粉、料酒，放入草菇、莲子，煮至断生，捞出，沥干待用。

3　将西蓝花倒入沸水锅中，煮至断生，捞出，装盘。

4　用油起锅，下姜片、葱段，爆香；倒入胡萝卜片，炒匀。

5　倒入草菇、莲子，淋入料酒，炒香。

6　放入生抽、盐、鸡粉，炒匀调味。

7　加入少许清水，翻炒片刻；放入蚝油，炒至色泽均匀；淋入水淀粉勾芡；关火后盛在西蓝花上即可。

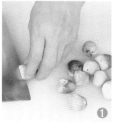

开胃秘诀

草菇有一股草腥味，在烹制时加些蚝油就可以除腥味。

猴头菇鲜虾烧豆腐

猴头菇养胃味道淡，鲜虾豆腐来帮忙

原料

水发猴头菇	70克
豆腐	200克
虾仁	60克

调料

盐	2克
蚝油	8克
生抽	5毫升
料酒	5毫升
水淀粉	7毫升
芝麻油	2毫升
鸡粉	适量
食用油	适量

做法

1. 豆腐切小方块；猴头菇切小块。
2. 虾仁去虾线，装入碗中，加料酒、盐、鸡粉、水淀粉、芝麻油，拌匀，腌渍10分钟。
3. 锅中注水烧开，倒入猴头菇、豆腐，煮至断生，捞出，备用。
4. 用油起锅，倒入虾仁，炒松散；倒入猴头菇、豆腐，淋入料酒，炒匀；倒入生抽，翻炒匀；加清水，煮沸。
5. 放入蚝油、盐，炒至食材入味；倒入淀粉勾芡；盛出炒好的菜肴，装入盘中即可。

肉末烧蟹味菇

似蟹非蟹味道香，加点肉末成佳肴

原料

蟹味菇 250克
肉末 150克
豌豆 80克
蒜末 .... 少许
葱段 .... 少许

调料

盐 1克
鸡粉 1克
蚝油 5克
料酒 5毫升
生抽 5毫升
水淀粉 .... 适量
食用油 .... 适量

做法

1 蟹味菇切去根部。

2 热水锅中倒入豌豆，汆煮至断生，捞出；再往锅中倒入蟹味菇，煮至断生，捞出待用。

3 另起锅注油，倒入肉末，炒至转色；倒入蒜末，炒匀；放入葱段，炒香。

4 倒入豌豆，加入料酒，放入蟹味菇，炒匀；加入蚝油、生抽，炒匀，加入盐、鸡粉，炒匀。

5 注入少许清水，稍煮2分钟至入味；加水淀粉勾芡；关火后盛出菜肴，装盘即可。

蟹味菇木耳蒸鸡腿

鸡味蟹味配木耳，这滋味怎能不爱

原料

蟹味菇...150克
水发木耳...90克
鸡腿.....250克
葱花.......少许

调料

生粉.......50克
盐............2克
料酒.....5毫升
生抽.....5毫升
食用油...适量

❶ ❷

/ 做法 /

1 木耳切丝、切碎。

2 蟹味菇切去根部。

3 鸡腿剔去骨，切成块，放入碗中，加盐、料酒、生抽、生粉，拌匀。

4 注入适量食用油，拌匀，腌渍15分钟。

5 取一个蒸盘，倒入木耳、蟹味菇、鸡腿肉，待用。

6 蒸锅上火烧开，放上鸡腿肉。

7 盖上锅盖，大火蒸15分钟至熟透，取出鸡腿肉，撒上葱花即可。

❸ ❹

❺ ❻

❼

健康贴士

　　蟹味菇含有蛋白质、维生素A、维生素B$_1$、维生素D、膳食纤维、叶酸、钙、铁等营养成分，有润肠通便的作用，可有效排除体内毒素，并能补钙、美容护肤。

开胃秘诀

　　在给鸡腿去骨时最好将筋也剔去，鸡肉会更鲜嫩。

鱼鳔木耳煲

香滑食材一锅煲，每一口都对味

原料

鱼鳔....................300克
金针菇..................120克
水发木耳.................15克
姜片.....................少许
蒜末.....................少许
葱段.....................少许
葱花.....................少许

调料

料酒....................8毫升
生抽....................5毫升
鸡粉......................2克
盐........................2克
蚝油......................5克
食用油..................适量

/ 做法 /

1 锅中注水烧开，淋入适量料酒，放入鱼鳔，汆去血渍，捞出备用。

2 用油起锅，下姜片、蒜末、葱段，爆香；放入金针菇、木耳，炒至变软。

3 倒入鱼鳔，炒匀；淋入料酒、生抽，加鸡粉、盐，炒匀调味。

4 放入蚝油，炒匀、炒香，关火后盛入砂锅中。

5 将砂锅置于旺火上，盖上盖，煮1分钟至沸腾，撒上葱花，关火后取下砂锅即可。

五花肉炒黑木耳

菜不怕简单，味好是王道

原料

五花肉 350克
水发黑木耳 200克
红彩椒 40克
香芹 55克
蒜块 .... 少许
葱段 .... 少许

调料

豆瓣酱 35克
盐 1克
鸡粉 1克
生抽 5毫升
水淀粉 5毫升
食用油 .... 适量

/ 做法 /

1 香芹切小段；红彩椒切滚刀块；五花肉切薄片。

2 热锅注油，倒入五花肉，煎炒2分钟至油脂析出；倒入蒜块、葱段，炒匀；放入豆瓣酱，炒匀。

3 放入黑木耳，炒匀；加入生抽，倒入红彩椒、香芹，翻炒1分钟至熟。

4 加入盐、鸡粉，炒匀至入味。

5 淋入适量水淀粉，翻炒至收汁；关火后盛出菜肴，装盘即可。

百搭美味豆制品

豆腐、豆皮、香干、腐竹等豆制品是人体植物性蛋白质的主要来源之一，是人体膳食结构中非常重要的部分。豆制品还有一个优点，就是容易调味，容易下饭，是制作开胃下饭菜的佳选。本章就为你推荐了20道以豆制品为主要原料的菜品，等着食欲大开吧！

家常豆豉烧豆腐

不得不学，无人不爱的家常菜

原料

豆腐.....................450克
豆豉.......................10克
蒜末.......................少许
葱花.......................少许
彩椒.......................25克

调料

盐.........................3克
生抽......................4毫升
鸡粉.......................2克
辣椒酱.....................6克
水淀粉、食用油....各适量

/ 做法 /

1 彩椒切小丁；豆腐切小方块。

2 锅中注水烧开，加少许盐，倒入豆腐块，焯煮片刻，捞出，沥干待用。

3 用油起锅，下豆豉、蒜末爆香；放入彩椒丁，炒匀。

4 倒入豆腐块，注入适量清水，轻轻拌匀。

5 加盐、生抽、鸡粉、辣椒酱，拌匀调味；大火煮至食材入味；加水淀粉勾芡；关火后盛出炒好的食材，装入盘中，撒上葱花即可。

腊味家常豆腐

豆腐配腊味，就是家的味道

原料

豆腐 200克
腊肉 180克
干辣椒 10克
蒜末 10克
朝天椒 15克
姜片 .... 少许
葱段 .... 少许

调料

盐 1克
鸡粉 1克
生抽 5毫升
水淀粉 5毫升
食用油 .... 适量

/ 做法 /

1 豆腐切粗条；腊肉切片。

2 热锅注油，放入豆腐，煎至两面焦黄，出锅备用。

3 锅留底油，倒入腊肉，炒香；放入姜片、蒜末、干辣椒、朝天椒，炒匀。

4 加入生抽，注入适量清水，倒入豆腐，炒至熟软。

5 加盐、鸡粉，翻炒至入味；淋入适量水淀粉，倒入葱段，炒至收汁；关火后盛出菜肴，装盘即可。

黑椒豆腐茄子煲

不仅颜色美，吃起来味更美

原料

茄子.....160克
日本豆腐.......
...........200克
蒜片.......少许
罗勒叶...少许
枸杞.......少许

调料

盐...........2克
黑胡椒粉..2克
鸡粉.........3克
生抽.....3毫升
老抽.....3毫升
水淀粉...适量
蚝油.......适量
食用油...适量

/ 做法 /

1 茄子切段；日本豆腐切块。

2 热锅注油，烧至六成热，倒入茄子，炸至微黄色，装盘待用。

3 用油起锅，下蒜片爆香；注入适量清水，加盐、生抽、老抽、蚝油、鸡粉、黑胡椒粉，炒匀。

4 倒入茄子、日本豆腐，炒匀，煮约10分钟使食材充分入味。

5 加入适量水淀粉勾芡。

6 关火，将煮好的菜肴盛入砂锅中。

7 将砂锅置于火上，加盖，小火焖10分钟；关火后取下砂锅，放入罗勒叶、枸杞做装饰即可。

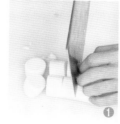

健康贴士

　　茄子含有蛋白质、维生素A、B族维生素、维生素C、钙、磷、铁、钾等营养成分，具有降低血压、保护血管、清热消肿等作用。这道菜椒香浓郁，营养均衡，是很好的开胃下饭菜。

开胃秘诀

　　炸好的茄子捞出后挤压一会儿，使茄子里的油流出来。

东坡豆腐

这样吃才够爽，够营养

原料

豆腐块 160克
芦笋 70克
水发香菇 20克
彩椒 10克
蛋液 .... 适量
姜丝 .... 少许

调料

盐 3克
鸡粉 .... 少许
老抽 2毫升
生抽 5毫升
生粉 .... 适量
食用油 .... 适量

做法

1. 去皮的芦笋切丁；彩椒切丁；香菇切丁。

2. 蛋液搅散，加生粉、盐拌匀，放入豆腐块，裹上蛋糊。

3. 热锅注油烧热，倒入豆腐块，炸至金黄，捞出。

4. 用油起锅，下姜丝爆香，放芦笋丁、彩椒丁、香菇丁，炒匀；加水、生抽、盐、鸡粉、老抽，煮沸；放入豆腐块，炒匀，小火焖15分钟，转大火收汁即成。

原料

豆腐 100克
西红柿 60克
青豆 55克

调料

盐 3克
生抽 3毫升
老抽 2毫升
水淀粉 ....适量
食用油 ....适量

素烧豆腐
美味自知

/ 做法 /

1　豆腐切小方块；西红柿切小丁。

2　锅中注水烧开，加少许盐，放入青豆，煮至青豆呈深绿色，捞出；倒入豆腐块，焯煮后捞出，待用。

3　用油起锅，倒入切好的西红柿丁，炒出汁水；加入青豆，炒匀。

4　注入少许清水，加入盐、生抽，倒入豆腐块，炒匀，用中火煮至汤汁沸腾。

5　淋入老抽，炒匀上色，转大火收汁，倒入水淀粉勾芡；关火后盛出炒制好的菜肴即成。

可乐豆腐

甜甜的，香香的，简单豆腐精致吃

原料

豆腐.......400克
可乐....300毫升
蒜末........少许
葱丝........少许

调料

盐...........2克
水淀粉...4毫升
食用油.....适量

做法

1 洗净的豆腐切成长方块，备用。

2 锅中注油烧热，放入豆腐块，炸约3分钟，捞出，沥油备用。

3 炒锅注油烧热，放入蒜末、葱丝，用大火爆香。

4 倒入可乐、豆腐，翻炒至汤汁沸腾。

5 加入适量盐，炒匀调味。

6 倒入少许水淀粉。

7 翻炒均匀，使豆腐裹匀芡汁；关火后盛出煮好的豆腐，装盘即可。

健康贴士

　　豆腐含有铁、钙、磷、镁等人体所需的物质，还含有糖类、优质蛋白，营养价值极高。常食豆腐可补中益气、清热润燥、清洁肠胃。这道菜口味甜香，风味独特，可开胃增食。

开胃秘诀

　　炸豆腐时可以炸得稍微老一点，这样口感会更好。

豆瓣酱炒脆皮豆腐

一口豆腐半口汁，香辣开胃真下饭

原料

脆皮豆腐	80克
青椒	25克
红椒	50克
蒜苗段	少许
姜片	少许
蒜末	少许

调料

豆瓣酱	10克
鸡粉	2克
生抽	4毫升
水淀粉	4毫升
食用油	适量

/ 做法 /

1 脆皮豆腐切小块；青椒、红椒去籽，再切成小块。

2 热锅注油，下姜片、蒜苗梗、蒜末，爆香；放入豆瓣酱，快速翻炒均匀。

3 倒入脆皮豆腐，翻炒一会儿。

4 倒入蒜苗叶，加入少许鸡粉、生抽，翻炒匀。

5 倒入适量水淀粉，续炒一会儿，使食材更入味；关火后将炒好的菜肴盛出，装入盘中即可。

蒸冬瓜酿油豆腐

外皮油滑心清爽，味道不俗人人爱

原料

冬瓜 350克
油豆腐 150克
胡萝卜 60克
韭菜花 40克

调料

芝麻油 5毫升
水淀粉 3毫升
盐 .... 适量
鸡粉 .... 适量
食用油 .... 适量

/ 做法 /

1 油豆腐对半切开，用手指将里面压实；冬瓜用挖球器挖取冬瓜球；胡萝卜切成粒；韭菜花切小段。

2 将冬瓜球塞进油豆腐内，待用。

3 蒸锅上火烧开，放入油豆腐，盖上锅盖，中火蒸15分钟至熟，取出。

4 热锅注油烧热，倒入胡萝卜、韭菜花，翻炒匀；注入适量清水，加盐、鸡粉，炒匀调味。

5 加入少许水淀粉，淋上芝麻油，炒匀；将调好的酱汁浇在冬瓜上即可。

卤汁油豆腐

百吃不厌又百搭，实惠小菜一碟

 原料

油豆腐 ....
.... 300克
蜂蜜 15克
八角 3个

调料

盐 1克
鸡粉 1克
白糖 1克
老抽 1毫升
生抽 3毫升
芝麻油 ...5毫升

做法

1 锅中注水烧开，倒入油豆腐，稍煮片刻，捞出，装盘待用。

2 另起锅，注水，放入八角，淋入老抽、生抽。

3 加入盐、鸡粉、白糖，拌匀。

4 倒入油豆腐。

5 加盖，用大火煮开后转小火卤20分钟至汤汁浓稠。

6 揭盖，倒入蜂蜜。

7 将食材拌匀，稍煮片刻至入味，关火后盛出煮好的油豆腐和适量酱汁，装在盘中，淋入芝麻油即可。

健康贴士

　　油豆腐含有蛋白质、多种氨基酸、不饱和脂肪酸、铁、钙及磷脂等多种营养物质，具有补充人体植物蛋白、增强体质等多种作用。这道菜卤味十足，可作为开胃小菜，或配面条食用。

开胃秘诀

可依个人口味，适当增减白糖及蜂蜜的用量。

虾米韭菜炒香干

美味营养两不误

原料

韭菜 130克
香干 100克
彩椒 40克
虾米 20克
白芝麻 10克
蒜末 .... 少许

调料

盐 2克
鸡粉 2克
料酒 10毫升
生抽 3毫升
水淀粉 4毫升
豆豉 .... 适量
食用油 .... 适量

/ 做法 /

1 香干切条；彩椒籽，切
   条；韭菜切段。

2 热锅注油烧热，倒入香干
   炸香，捞出，沥干油。

3 锅底留油，下蒜末爆香；
   倒入虾米、豆豉炒香；放
   彩椒、料酒，炒匀。

4 倒入韭菜，炒匀；放入
   香干，加盐、鸡粉、生
   抽，炒匀；淋入适量水
   淀粉勾芡，盛出撒上白
   芝麻即可。

虾茸豆腐泡

家常菜里添趣味，豆腐泡吃出小惊喜

原料

虾仁......................200克
豆腐泡...............100克
葱花......................少许
蒜末......................少许
香菇末...................少许

调料

白糖......................1克
盐.........................2克
鸡粉......................3克
生抽......................8毫升
料酒......................5毫升
蚝油......................适量
芝麻油...................适量
水淀粉、食用油.....适量

做法

1. 虾仁去虾线，剁成茸状，加盐、白糖、料酒，注入适量清水，拌匀，制成虾茸。

2. 用筷子将豆腐泡捅一个洞口，放入虾茸，包在里面。

3. 取一碗，加入生抽、料酒、盐、清水，拌匀，制成调味汁，倒在豆腐泡上。

4. 蒸锅注水烧开，放入豆腐泡，大火蒸5分钟至熟，取出，倒出多余的汁水。

5. 用油起锅，下蒜末、香菇末爆香；加蚝油、生抽、水、盐、鸡粉、水淀粉，炒入味；加芝麻油、食用油，煮约2分钟，盛出，浇在豆腐泡上，撒上葱花即可。

❶

❷ ❸

❹ ❺

铁板日本豆腐

日本豆腐铁板烧，营养美味吃不腻

原料

日本豆腐 160克
肉末 50克
红椒 10克
洋葱丝 ...40克
姜片 .....少许
蒜末 ....少许
葱段 ....少许
香菜末 ...少许

调料

盐 2克
白糖 3克
鸡粉 2克
辣椒酱 7克
生抽 4毫升
料酒 4毫升
生粉 ....少许
水淀粉 ...适量
食用油 ...适量

做法

1 日本豆腐切小段；红椒去籽，切小段。

2 把日本豆腐装入盘中，撒上生粉。

3 热锅注油烧热，放入日本豆腐，炸至金黄色，捞出，沥干油，待用。

4 锅底留油烧热，倒入姜片、蒜末、葱段爆香；放入肉末，炒至变色；淋入料酒、生抽，炒匀。

5 加水、红椒、辣椒酱、盐、鸡粉、白糖，炒匀调味。

6 待汤汁沸腾，倒入日本豆腐，略煮至入味；倒入水淀粉勾芡。

7 取预热的铁板，放上洋葱丝垫底，盛入锅中的食材，点缀香菜末即可。

健康贴士

　　日本豆腐具有降低血压、养心润肺、美容养颜等作用。这道菜汁浓味香，百吃不厌，尤其适合爱美的女性食用。

开胃秘诀

　　日本豆腐易碎，淀粉可适当多一点，容易成型。

酱爆香干丁

芹菜香干惹人爱，经典下饭菜

原料

香干	200克
芹菜	100克
红椒	30克
姜片	10克
蒜末	15克

调料

黄豆酱	20克
盐	2克
鸡粉	3克
水淀粉	适量
食用油	适量

/ 做法 /

1. 芹菜切段；红椒切块；香干切丁。
2. 锅中注水烧开，倒入香干，焯煮片刻，捞出待用。
3. 用油起锅，倒入姜片、蒜末，爆香；放入芹菜、红椒、香干、黄豆酱，炒匀。
4. 注入适量清水，加入盐、鸡粉，炒匀。
5. 倒入水淀粉，翻炒约2分钟至食材熟透；关火后盛出炒好的菜肴，装入盘中即可。

酱烧豆皮

豆香十足，酱香醇厚

原料

豆皮 120克
葱花 .... 少许

调料

黄豆酱 20克
鸡粉 1克
生抽 5毫升
食用油 .... 适量

/ 做法 /

1 豆皮切小块。

2 热锅注油，烧至五成热，倒入豆皮，炸至微黄，捞出，沥干油。

3 锅底留油，倒入黄豆酱，加入生抽，注入少许清水，放入豆皮，加盖，大火焖10分钟至熟软。

4 揭盖，加入鸡粉，炒匀至入味。

5 倒入葱花，炒香；关火后盛出炒好的菜肴，装盘即可。

酱汁素鸡

比烧烤香，比油炸健康

原料

素鸡 200克
熟芝麻 5克
生姜 5克
蒜末 .... 少许
葱花 .... 少许

调料

甜面酱 5克
豆瓣酱 ... 10克
食用油 ... 适量

/ 做法 /

1 生姜切末；素鸡切厚片。

2 用油起锅，倒入素鸡，煎至两面金黄色，盛出装盘。

3 锅底留油，倒入豆瓣酱，炒匀。

4 放入甜面酱、姜末、蒜末，炒匀。

5 倒入适量清水，拌匀。

6 加入煎好的素鸡，翻炒至入味。

7 放入葱花，炒出香味；关火后盛出炒好的食材，装入盘中，撒上芝麻即可。

健康贴士

　　熟芝麻含有蛋白质、卵磷脂、维生素A、维生素E、钙、铁、硒等营养成分，具有保肝护肾、养心润肺等作用。素鸡搭配熟芝麻一起食用，不仅更香，而且更有营养。

开胃秘诀

　　豆瓣酱和甜面酱本身都有咸味，所以不需要再加盐。

红油腐竹

又香又辣真过瘾

原料

腐竹段	80克
青椒	45克
胡萝卜	40克
姜片	少许
蒜末	少许
葱段	少许

调料

盐	2克
鸡粉	2克
生抽	4毫升
辣椒油	6毫升
豆瓣酱	7克
水淀粉	适量
食用油	适量

做法

1 胡萝卜切薄片；青椒去籽，切小块。

2 锅中注水烧开，加少许食用油，倒入胡萝卜、青椒，焯煮片刻，捞出待用。

3 热锅注油，烧至三四成热，倒入腐竹段，炸约半分钟，捞出，沥干油。

4 锅底留油烧热，倒入姜片、蒜末、葱段，爆香；放入腐竹段，倒入焯过水的材料，炒匀；注入适量清水，加生抽、辣椒油、豆瓣酱、盐、鸡粉，炒匀调味。

5 盖上盖，用中火焖约5分钟至熟，倒入水淀粉勾芡；关火后盛出锅中的菜肴即可。

腐竹烩菠菜

素菜一盘营养全，降压排毒美容颜

原料

菠菜 85克
虾米 10克
腐竹 50克
姜片 .... 少许
葱段 .... 少许

调料

盐 2克
鸡粉 2克
生抽 3毫升
食用油 .... 适量

/ 做法 /

1 菠菜切段。

2 热锅注油烧热，倒入腐竹炸至金黄色，捞出。

3 锅底留油烧热，倒入姜片、葱段爆香；放入虾米，炒匀；倒入腐竹，炒出香味。

4 加水、盐、鸡粉，炒匀，大火煮入味；淋入生抽，中火煮熟，放入菠菜，炒熟即可。

栗子腐竹煲

冬天来上这一锅，暖胃又暖肾

原料

腐竹.......20克
香菇.......30克
青椒.......15克
红椒.......15克
芹菜.......10克
板栗.......60克
姜片.......少许
蒜末.......少许
葱段.......少许
葱花.......少许

调料

盐...........2克
鸡粉.........2克
水淀粉...适量
白糖.......适量
番茄酱...适量
生抽.......适量
食用油...适量

/ 做法 /

1. 芹菜切长段；青椒、红椒去籽，切小块；香菇切小块；板栗切去两端。

2. 热锅注油，烧至四五成热，分别倒入腐竹、板栗，炸香，捞出。

3. 锅留底油烧热，下姜片、蒜末、葱段，爆香；放入香菇，炒匀。

4. 注水，倒入腐竹、板栗，加入生抽、盐、鸡粉、白糖、番茄酱，炒匀调味。

5. 盖上盖，烧开后转小火焖煮约4分钟。

6. 揭开盖，倒入青椒、红椒，炒至断生；倒入水淀粉勾芡；撒上芹菜，炒熟。

7. 关火后将食材盛入砂锅中，煮至沸，撒上葱花即可。

--- 健康贴士 ---

板栗含有淀粉、蛋白质、不饱和脂肪酸、B族维生素、维生素C等营养成分，具有益气补脾、强筋健骨、延缓衰老等作用。这道菜口味醇香，尤其适合脾虚体弱者及儿童、老年人食用。

开胃秘诀

腐竹可先用温水浸泡，沥干水后再炸，使其口感更佳。

青红椒炒腐竹

化繁为简炒腐竹，平平淡淡品原香

原料

腐竹	200克
青椒	45克
红椒	45克
姜片	适量
蒜末	适量
葱段	适量

调料

水淀粉	5毫升
生抽	5毫升
豆瓣酱	15克
盐	2克
鸡粉	2克
食用油	适量

做法

1 青椒、红椒去籽，切小块。

2 热锅注油，烧至三四成热，倒入腐竹，炸至金黄色，捞出待用。

3 锅底留油，下蒜末、姜片、青椒、红椒，爆香；加少许清水，放入腐竹，加盐、鸡粉、豆瓣酱、生抽，翻炒片刻。

4 盖上锅盖，用小火焖煮1分钟至食材入味。

5 加入水淀粉勾芡；放入葱段，翻炒出香味；将炒好的菜肴盛出，装入盘中即可。

油渣烧豆干

豆干吸足油，无肉也欢

原料

猪肥肉 120克
豆干 60克
芹菜 40克
胡萝卜 30克
红椒 15克
姜片 .... 少许
蒜末 .... 少许
葱段 .... 少许

调料

盐 2克
鸡粉 2克
生抽 4毫升
料酒 4毫升
豆瓣酱 7克
水淀粉 .... 适量
食用油 .... 适量

/ 做法 /

1 红椒去籽，斜刀切小块；芹菜切段；豆干切片；胡萝卜切菱形片；猪肥肉切块。

2 锅中注水烧开，加少许盐，倒入胡萝卜、豆干，煮至断生，捞出，待用。

3 用油起锅，倒入肥肉，炒至变色，盛出多余的油分；淋入生抽，炒匀。

4 倒入姜片、蒜末、葱段，炒香；倒入焯过水的食材，炒匀。

5 加入豆瓣酱、料酒，炒匀；放入红椒、芹菜，炒至变软；加鸡粉、盐，炒匀调味；倒入适量水淀粉勾芡；关火后盛出炒好的菜肴即可。

地方风味开胃菜

我国地大物博，各地的菜肴口味也不尽相同，如川菜偏爱麻辣、淮扬菜独好清淡、湖北菜注重鲜香、湖南菜少不了腊味……本章为您推荐了10道极具地方特色的菜品，在突出口味正宗的同时，也兼顾简单易学的原则，让你在家就能轻松吃到各地美味！

东北家常酱猪头肉

简单下饭菜，吃出『家』的味道

原料

猪头肉	400克
干辣椒	20克
花椒	15克
八角	少许
桂皮	少许
姜片	少许
香葱	少许
黄瓜片	少许

调料

黄豆酱	30克
盐	3克
生抽	5毫升
老抽	3毫升
食用油	适量

/ 做法 /

1 锅中注水烧开，放入猪头肉，氽煮去味，捞出待用。

2 热锅注油烧热，倒入八角、桂皮、干辣椒、花椒、黄豆酱，翻炒片刻；注入适量清水，加入少许生抽、盐，炒匀。

3 倒入姜片、香葱、猪头肉，淋入老抽，翻炒片刻；盖上锅盖，烧开后转中火煮1小时至熟透。

4 掀开锅盖，将猪头肉捞出，装入碗中放凉。

5 将放凉后的猪头肉切成薄片，放入摆有黄瓜片作装饰的盘中，浇上锅中汤汁即可。

川味豆皮丝

酸辣香浓吃不够

原料

豆腐皮 150克
瘦肉 200克
水发木耳 80克
香菜 ....少许
姜丝 ....少许

调料

豆瓣酱 30克
盐 1克
鸡粉 1克
白糖 1克
陈醋 5毫升
辣椒油 5毫升
食用油 ....适量

/ 做法 /

1 将豆腐皮卷起，切成丝；木耳切丝；瘦肉切丝。

2 热锅注油，倒入姜丝，爆香；放入豆瓣酱，炒匀。

3 注入适量清水，倒入肉丝，炒匀；放入豆皮丝、木耳丝，翻炒片刻。

4 加入盐、鸡粉、白糖、陈醋，炒匀调味；加盖，用小火焖2分钟至食材熟软。

5 揭盖，淋入辣椒油，快速炒匀；关火后盛出菜肴，装盘，放上香菜点缀即可。

❶ ❷

❸

❹ ❺

蜀香鸡

鸡肉鲜嫩无可比，麻辣味最宜

原料

鸡翅根 350克
鸡蛋 1个
青椒 15克
干辣椒 5克
花椒 3克
蒜末、葱花 .... 各少许

调料

盐 2克
鸡粉 2克
豆瓣酱 8克
辣椒酱 12克
料酒 4毫升
生抽 5毫升
生粉、食用油 .... 各适量

开胃秘诀

腌渍鸡肉前可以用竹签在鸡肉上扎些小洞，更易入味。

/ 做法 /

1 青椒切圈；鸡翅根斩成小块。

2 鸡蛋打入碗中，搅散，制成蛋液，待用。

3 把鸡块装入碗中，倒入蛋液，加盐、鸡粉，拌匀；撒上生粉，挂浆，腌渍约10分钟。

4 热锅注油，烧至四五成热，倒入鸡块，炸至金黄色，捞出，待用。

5 锅底留油烧热，下蒜末、干辣椒、花椒，爆香；倒入青椒圈、鸡块，翻炒匀。

6 淋上少许料酒，加入豆瓣酱、生抽、辣椒酱，炒匀调味。

7 撒上葱花，用大火快炒，至散出葱香味。

8 关火后盛出炒好的菜肴，装入盘中即成。

麻油鸡

鸡肉配麻油，滋味美极了

原料

鸡肉块 400克
水发花菇 40克
姜片 ....少许

调料

盐 2克
鸡粉 2克
料酒 6毫升
芝麻油 ....少许

/ 做法 /

1 花菇对半切开。

2 锅中注水烧开，倒入鸡肉块，氽去血水，捞出，待用。

3 锅中注芝麻油烧热，下姜片爆香；倒入鸡肉块，炒香；淋入料酒，炒匀。

4 放入花菇，炒出香味；注入适量清水，炒匀；盖上盖，烧开后用小火煮约40分钟。

5 加盐，拌匀调味，再盖上盖，用小火续煮约5分钟；加入鸡粉调味，转大火收汁；关火后盛出即可。

重庆烧鸡公

一锅香浓，吃了才知道

原料

公鸡 ....半只
青椒 45克
红椒 40克
蒜头 40克
葱段、姜片、蒜片、
花椒、桂皮、八角、
干辣椒 ....各适量

调料

豆瓣酱 15克
盐 2克
鸡粉 2克
生抽 8毫升
辣椒油 5毫升
花椒油 5毫升
食用油 ....适量

/ 做法 /

1 青椒去籽，切段；红椒切段；公鸡斩成小块。

2 鸡块焯水，捞出待用。

3 热锅注油烧热，倒入八角、桂皮、花椒、蒜头炸香；倒入鸡块炒匀。

4 加姜片、蒜片、干辣椒、青椒、红椒、豆瓣酱，炒香；加盐、鸡粉、生抽、辣椒油、花椒油，炒匀，盛出，放上葱段即成。

湘味蒸腊鸭

第一口似淡，越嚼越香浓

原料

腊鸭块...220克
辣椒粉...10克
豆豉.......20克
蒜末.......少许
葱花.......少许

调料

生抽.....3毫升
食用油...适量

做法

1 热锅注油，烧至四成热，倒入腊鸭块，中火炸香，捞出，沥干油。

2 用油起锅，下蒜末、豆豉，爆香；放入辣椒粉，炒香。

3 注入少许清水，煮沸；淋上生抽，调成味汁。

4 取一蒸盘，放入腊鸭块，摆好。

5 盛出锅中的味汁，均匀地浇在盘中。

6 蒸锅上火烧开，放入蒸盘，盖上盖，用中火蒸约15分钟。

7 关火后揭盖，取出蒸盘，趁热撒上葱花即可。

❼

健康贴士

腊鸭含有蛋白质、维生素B_1、维生素B_2、烟酸、钙、磷、铁等营养成分，食疗价值高。烹制后肥而不腻，软滑甘香。

开胃秘诀

鸭块可斩得大一些，这样蒸熟后更有嚼劲。

湘煎口蘑

煎出来的滋味无可替代

原料

五花肉	300克
口蘑	180克
朝天椒	25克
姜片	少许
蒜末	少许
葱段	少许
香菜段	少许

调料

盐	2克
鸡粉	2克
黑胡椒粉	2克
水淀粉	10毫升
料酒	10毫升
辣椒酱	15克
豆瓣酱	15克
生抽	5毫升
食用油	适量

/ 做法 /

1 口蘑切片，焯水；朝天椒切成圈；五花肉切片。

2 用油起锅，放入五花肉炒匀；淋入料酒炒香，盛出。

3 锅底留油，倒入口蘑，煎出香味来；放入蒜末、姜片、葱段，炒香；倒入五花肉，炒匀。

4 放入朝天椒、豆瓣酱、生抽、辣椒酱，炒匀；加入少许清水，炒匀。

5 加盐、鸡粉、黑胡椒粉，炒匀；倒入水淀粉勾芡；关火后盛出菜肴装入盘中，撒上香菜即可。

湖南夫子肉

香酥软糯口感足

原料

香芋	400克
五花肉	350克
蒜末	少许
葱花	少许

调料

盐	3克
鸡粉	3克
蒸肉粉	80克
食用油	适量

/ 做法 /

1 香芋切片；五花肉切片。

2 热锅注油，烧至五成热，放入香芋，炸出香味，捞出，沥干油，备用。

3 锅留底油，放入五花肉，炒至变色；放入蒜末，炒香；倒入香芋，放入蒸肉粉，炒匀；加盐、鸡粉，倒入剩余的蒸肉粉，炒匀。

4 盛出炒好的食材，装入盘中。

5 将食材放入蒸锅中，盖上盖，用小火蒸3小时；取出蒸好的香芋五花肉，撒上葱花，淋上少许热油即可。

扬州狮子头

大肉丸内藏小酥脆，怎么吃都不腻

原料

里脊肉...220克
猪肥肉...120克
马蹄肉...60克
白菜叶...40克
鸡蛋........1个
蒜末......少许
姜末......少许
葱末......少许

调料

盐 3克
鸡粉.........2克
蚝油.........6克
料酒.....9毫升
生抽.....8毫升
老抽.....2毫升
生粉......适量
食用油...适量

做法

1 猪肥肉、猪里脊肉分别切碎，混在一起，剁成肉末。

2 马蹄肉切成碎末。

3 把肉末装入碗中，加入马蹄末，拌匀；打入鸡蛋，撒上蒜末、姜末、葱末，拌匀；放入适量生粉，拌至材料起劲；加盐、蚝油、生抽，拌匀。

4 锅中注入食用油，烧至五成热，把拌好的材料做成数个大肉丸，放入油锅中。

5 用中小火炸至肉丸呈金黄色，捞出。

6 砂锅中注水烧开，放入白菜叶、肉丸、盐、鸡粉、料酒、生抽、老抽，拌匀。

7 盖上盖，烧开后用小火炖煮约1小时，关火后盛入盘中即成。

健康贴士

马蹄含有蛋白质、膳食纤维、胡萝卜素、黏液质、B族维生素、维生素C、磷、铁等营养成分，具有止渴、消食、清热除烦等作用。肉馅中加入马蹄或鲜藕，是扬州狮子头的特色之一。

开胃秘诀

加入的生粉不宜太多，以免使肉馅太干，无法起劲。

剁椒武昌鱼

嫩滑鱼肉配点剁椒，味道刚刚好

[QR code]

原料

武昌鱼	650克
剁椒	60克
姜块	少许
葱段	少许
葱花	少许
蒜末	少许

调料

鸡粉	1克
白糖	3克
料酒	5毫升
食用油	15毫升

做法

1 武昌鱼切成段。

2 取一大盘，放入姜块、葱段；将鱼头摆在盘子边缘，鱼段摆成孔雀开屏状，待用。

3 备一碗，倒入剁椒，加入料酒、白糖、鸡粉、10毫升食用油，拌匀，淋在武昌鱼身上。

4 蒸锅中注水烧开，放上武昌鱼，加盖，用大火蒸8分钟至熟，取出蒸好的武昌鱼，撒上蒜末、葱花。

5 另起锅注入5毫升食用油，烧至五成热，浇在蒸好的武昌鱼身上即可。

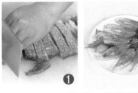

①

②

③

④

⑤